成长必读百科系列丛书

全彩升级版

有毒动植物百科

李 津◎主编

京华出版社
全国百佳出版社
中央编译出版社
CCTP
Central Compilation & Translation Press

图书在版编目（CIP）数据

有毒动植物百科 / 李津编著 .—北京：北京联合出版公司，2010.11（2017.7 重印）

ISBN 978-7-5502-0045-6

Ⅰ . ①有… Ⅱ . ①李… Ⅲ . ①有毒动物 - 普及读物 Ⅳ . ① Q95-49

中国版本图书馆 CIP 数据核字（2010）第 203174 号

有毒动植物百科

编　　著：李　津
责任编辑：李　征
封面设计：思想工社

北京联合出版公司出版
（北京市西城区德外大街 83 号楼 9 层　100088）
永清县晔盛亚胶印有限公司印刷　新华书店经销
字数 200 千字　710mmx1000mm　1/16　12 印张
2011 年 8 月第 2 版　2017 年 7 月第 2 次印刷
ISBN 978-7-5502-0045-6
定　价：49.80 元

前言
Foreword

世界上有很多有毒的动植物，它们大多生活在人迹罕至的地方，也有一些生活在人们的周围。由于人们对它们的畏惧，使它们蒙上了些许神秘的色彩。其实，只要认识了它们的毒性及生活习性，就会觉得它们其实并不那么可怕，也并不那么歹毒。有毒动植物身上的毒素一方面用来防御，一方面用来进攻，这正体现了生物界生存的本质——捕食和防止被捕食。因此，人们没有必要憎恨这些为了生存而具有毒素的动植物，而且，很多有毒的动植物的毒素可以用来做药，具有治病救人的功效。

人们最熟悉和最惧怕的有毒动物要数毒蛇了。全世界有三千多种毒蛇，其中约15%对人类是有毒的。

有毒的蛇，头部形状多为三角形，有毒腺，能够分泌毒液。毒蛇咬人或动物时，毒液从毒牙流出使被咬的人或动物中毒。

中国的毒蛇有四十余种，大多分布在长江以南的广大省份。蛇毒按其性质分为：神经毒、血循毒、混合毒三大类。

金环蛇、银环蛇、海蛇等主要含神经毒；蝰蛇、尖吻腹、竹叶青等主要含血循毒；眼镜蛇、眼镜王蛇、腹蛇等主要含混合毒。

毒蛇怕人，受到惊吓后会迅速逃跑，一般来说不会主动攻击人。大多由于人们没有发现它而过分逼近蛇体，或无意踩到毒蛇身体时，它才会咬人。因此，在适于毒蛇活动的环境中行走时，提高警惕，并且做适当的防护，许多蛇伤是能够避免的。

此外，还有很多有毒的动物，如毒蜘蛛中的黑寡妇，毒蛙类中的箭毒蛙，昆虫中的杀人蜂，多足类的加拉帕格斯巨人蜈蚣，海洋有毒动物中的澳洲灯水母也都令人闻风丧胆，人们对它们也是避之唯恐不及。

人们最熟悉的有毒植物要数毒蘑菇了。有毒的蘑菇约有八十多种，其大小、形状、颜色、花纹等变化多端。所以，没有经验的人很难鉴别哪些是有毒的，哪些是无毒的。

毒蘑菇含有植物性的生物碱，毒性强烈，可损害肝、肾、心及神经系统，即使是微量被吸收到体内也是很危险的。因毒蘑菇的种类不同，进食后一般经1

至2小时出现中毒症状。如：剧烈呕吐、腹泻并伴有腹痛、痉挛、流口水；突然发笑、进入兴奋状态，手指颤抖，有的出现幻觉。所以，没有采蘑菇经验的大人和小孩，千万不要随便采野蘑菇吃，以防中毒的发生。

人们最痛恨的有毒植物要数罂粟、古柯、大麻了。

罂粟果实中流出的乳液经干燥凝结能形成鸦片，吸食时有一种强烈的香甜气味。吸食者初吸时会感到头晕目眩、恶心或头痛，多次吸食就会上瘾。

古柯叶是提取古柯类毒品的重要物质，从古柯叶中可分离出一种最主要的生物碱——可卡因。

大麻类毒品主要包括大麻烟、大麻脂和大麻油，主要活性成分是四氢大麻酚。大麻对中枢神经系统有抑制、麻醉作用，吸食后产生快感，有时会出现幻觉和妄想，长期吸食会引起精神障碍、思维迟钝，并破坏人体的免疫系统。

从上面三种有毒植物中提炼出来的毒品不仅有毒，而且还会使人产生依赖性，对人的危害极大，因此，人们要抵制住毒品的诱惑，远离毒品。

此外，还有很多有毒的植物，如：含苷类有毒植物夹竹桃，含生物碱类有毒植物曼陀罗，含毒蛋白类植物相思子，含酚类有毒植物银杏树等，人们在遇到这些有毒的植物时，一定要小心谨慎。

此书共分为两大部分：有毒的动物与有毒的植物，每一个大的部分又分为几个小的种类，每个种类下面列着属于这一类的动物或植物，这对于人们比较系统、全面地了解有毒动植物的知识有很大的帮助。

目录

1

第一部分 有毒的动物

目录

目录

目录

目录

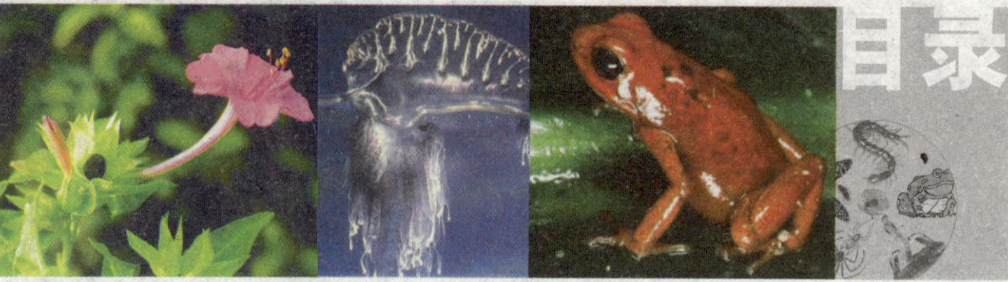
目录

目录

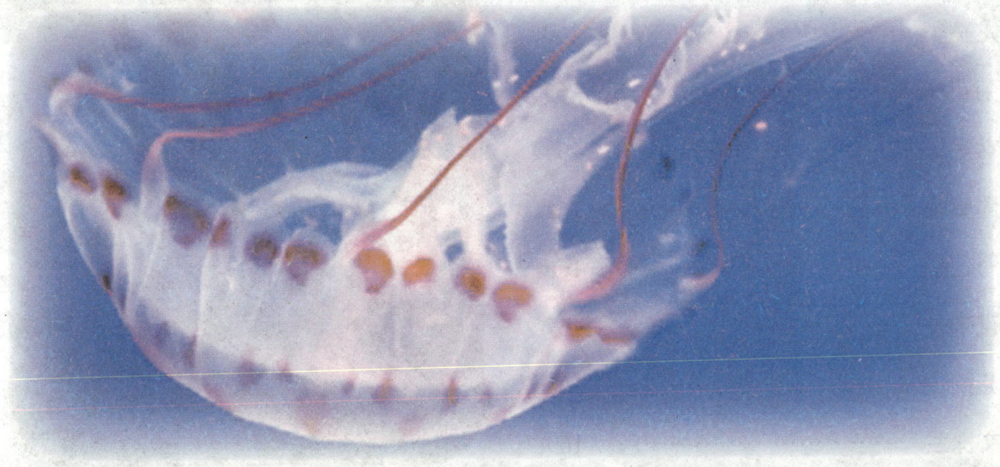

目录

第一部分

有毒的动物

YouduDeDongwu

世界上有成千上万种动物，其中很多动物有毒。说起有毒的动物，人们第一时间就会想到毒蛇、毒蝎之类，其实除了它们，还有很多种类的动物，如毒蜘蛛、毒青蛙、毒蜥蜴、毒昆虫等，人们在遇到它们的时候一定要小心点！

毒蛇类

金环蛇

中文目名：蛇目；中文科名：眼镜蛇科；中文属名：环蛇属。

金环蛇中文俗名黄节蛇、金甲带、佛蛇、黄金甲、金报应、金包铁、玄南鞭、金蛇等。

它的形态特征具有鲜明的特点：头呈椭圆形，尾极短，尾略呈三棱形，尾末端钝圆而略扁，通身呈黑色与黄色相间的少数明显的棱骨，黑色环纹和黄色环纹几乎等宽，黄色环纹在体部有23至28环，在尾部有3至5环，背鳞平滑共15行，背中央的1行鳞片特别大，肛鳞完整，尾下鳞片为单行，腹部为灰白色，体长100到180厘米。

金环蛇

栖息于丘陵、山地，常见于潮湿地区或水边，怕见光线，白天往往盘着身体不动，把头藏在腹下，但是到晚上十分活跃，捕食蜥蜴、鱼类、蛙类、鼠类等，并能吞食其他蛇类及蛇蛋，性温顺，行动迟缓，其毒性十分剧烈，但是不主动咬人，卵生，5月底产卵，每产多达11枚。

国内分布于广西省、广东省、海南省、福建省、江西

金环蛇

省、云南省；国外分布于越南、泰国、印度、印度尼西亚、马来西亚、老挝、缅甸等国。

金环蛇是著名食用蛇之一，蛇体浸酒及蛇胆也被用来入药，长期以来大量被捕杀内销或出口。由于此蛇分布范围狭窄，所以数量不多。

银环蛇

中文目名：蛇目；中文科名：眼镜蛇科；中文属名：环蛇属。

银环蛇又叫白带蛇、白节蛇、吹箫蛇、寸白蛇、洞箫蛇、金钱白花蛇、雨伞蛇、竹节蛇。

中国银环蛇有两个亚种：指名亚种，腹鳞203～221，躯干部环纹31到50个，尾部8到17个，分布于中国华中、华南、西南地区和台湾，以及缅甸、老挝；银环蛇云南亚种，腹鳞213～231，躯干部环纹20到31个，尾部7到11个，仅产于中国云南西南部。全长1米左右，通身背面具黑白相间的环纹。腹面全为白色。背鳞通身1行，正中1行鳞片（脊鳞）扩大呈六角形。尾下鳞全为单行。栖息于平原、丘陵或山麓近水处；傍晚或夜间活动，常发现于田边、路旁、坟地及菜园等处。捕食泥鳅、鳝鱼和蛙类，也吃各种鱼类、鼠类、蜥蜴和其他蛇类。卵生。5至8月产卵，每产5到15枚，孵化期1个半月左右。幼蛇3年后性成熟。银环蛇毒性很强，上颌骨前端有1对较长的沟牙(前沟牙)。人被咬伤后，常因呼吸麻痹而死亡。银环蛇成体供药用。孵出7至10天的幼蛇干制入药，称“金钱白花蛇”，有祛风湿、定惊搐的功效，治风湿瘫痪、小儿惊风抽搐、破伤风、疥癣和梅毒等症。银环蛇胆可治小儿高烧引起的抽搐。

银环蛇

海 蛇

科属：是蛇目眼镜蛇科的亚科——海蛇科爬行纲。

分布区域：西起波斯湾东至日本，南达澳大利亚的暖水性海洋都有分布，但大西洋中没有海蛇。

形态特征：海蛇科五十余种，海栖毒蛇的统称。身体扁平，尾呈桨状，适于水生生活。鼻孔开口于吻背，有瓣膜司开闭。有几种的躯干比头和颈部粗，在咬猎物时能保持身体稳定。有的(阔尾海蛇亚科）像陆栖种类那样具宽大的腹鳞，其他(海蛇亚科）种类腹鳞皆小，不适于陆地。多数体长约1.2米；最大的(如日本的鲜美海味——阔带青斑海蛇)体长相当于一般种类的两倍。大多栖于澳大利亚和亚洲的沿海及海湾，仅黑背海蛇广布太平洋至马达加斯加和整个西半球。体长约1米。深棕色或黑色，腹部为鲜明的黄色，吃鱼。有时集大群于海面晒太阳。扁尾蛇亚科有几个种上陆产卵，其他皆在海中产幼蛇。海蛇一般冲击缓慢，但有的种类(如青环海蛇和钩嘴海蛇)潜有致命的可能性。

钩吻海蛇

现代海蛇的个体都不很大，它们对于海洋生活环境已有了不同程度的适应性。现存的海蛇约有50种，它们和眼镜蛇有密切的亲缘关系。世界上大多数海蛇都聚集在大洋洲北部至南亚各半岛之间的水域内。这些海蛇之所以能在海中大量活下来，一是因为它们都有像船桨一样的扁平尾巴，很善于游泳；二是因为它们都有毒牙，能杀死捕获物和威慑敌人。这些海蛇也有和锉蛇类似的盐分泌腺和能够紧闭的嘴。但总的说来，它们的生理机能对海洋的适应性不如锉蛇，这可能是由于它们在海中生活的历史不如锉蛇长的缘故。

海蛇喜欢在大陆架和海岛周围的浅水中栖息，在水深超过100米的开阔海域中很少见。它们有的喜欢待在沙底或泥底的混水中，有些却喜欢在珊瑚礁周围的清水里活动。海蛇潜水的深度不等，有的深些，有的浅些。曾有人在四五十米水深处见到过海蛇。浅水海蛇的潜水时间一般不超过30分钟，在水面上停留的时

巨环海蛇

间也很短，每次只是露出头来，很快吸上一口气就又潜入水中了。深水海蛇在水面逗留的时间较长，特别是在傍晚和夜间更是不舍得离开水面。它们潜水的时间可长达2到3个小时。

海蛇对食物是有选择的，很多海蛇的摄食习性与它们的体型有关。有的海蛇身体又粗又大，脖子却又细又长，头也小得出奇，这样的海蛇几乎全是以掘穴鳗额为食。有的海蛇以鱼卵为食，这类海蛇的牙齿又小又少，毒牙和毒腺也不大。还有些海蛇很喜欢捕食身上长有毒刺的鱼，在菲律宾的北萨扬海就有一种专以鳗尾鲶为食的海蛇。鳗尾鲶身上的毒刺刺人非常痛，甚至能将人刺成重伤，可是海蛇却不在乎这个。除了鱼类以外，海蛇也常袭击较大的生物。

在海蛇的生殖季节，它们往往聚拢在一起，形成绵延几十千米的长蛇阵，这就是海蛇在生殖期出现的大规模聚会现象。有的港口有时会因海蛇群浮于水面而使整个港口沸腾起来。完全水栖的海蛇繁殖方式为卵胎生，每次产下3尾～4尾20至30厘米长的小海蛇。而能上岸的海蛇，依然保持卵生，它们在海滨沙滩上产卵，任其自然孵化。

海蛇也有天敌，海鹰和其他肉食海鸟就吃海蛇。它们一看见海蛇在海面上游动，就疾速从空中俯冲下来，衔起一条就远走高飞，尽管海蛇凶狠，可它一旦离开了水就没有了进攻能力，而且几乎完全不能自卫了。另外，有些鲨鱼也以海蛇为食。至于其他有关海蛇天敌的情况，目前了解还不多。

艾基特林海蛇

海蛇的毒液属于最强的动物毒。钩嘴海蛇毒液相当于眼镜蛇毒液毒性的两倍，是氰化钠毒性的80倍。海蛇毒液的成分是类似眼镜蛇毒的神经毒，然而奇怪的是，它的毒液对人体损害的部位主要是随意肌，而不是神经系统。海蛇咬人无疼痛感，其毒性发作又有一段潜伏期，被海蛇咬伤后30分钟甚至3小时内没有明显的中毒症状，然而这很危险，容易使人麻痹大意。实际上海蛇毒被人体吸收非常快，中毒后最先感到的是肌肉无力、酸痛，眼睑下垂，颌部僵直，有点像破伤风的症状，同时心脏和肾脏也会受到严重损伤。被咬伤的人，可能在几小时至几天内死亡。多数海蛇是在受到骚扰时才伤人。

澳洲有一种海蛇叫艾基特林海蛇，生活在热带海域，多在澳大利亚海湾浅水带。它张着一张大嘴，躯干略呈圆筒形，体细长，后端及尾侧扁平。它的毒性比眼镜王蛇还要大，如果被它咬一口，数十分钟内就会死亡。

环纹海蛇

生活在海洋里的艾基特林海蛇在毒王榜上排名第二。

两栖海蛇共有5种，性情相当温和，可以任人摆布。与其他卵胎生海蛇不同，两栖海蛇是卵生的，在产卵季节，两栖海蛇经常成群结队到固定的海岛上去产卵，菲律宾的加托岛就是海蛇常去的海岛之一。多年来，人们一直在这些岛上进行商业性的捕蛇活动，目前在加托岛每年捕蛇18万条，琉球群岛也有类似的捕蛇活动。

中国沿海有记载的共8属、12种。本科动物腹鳞大多退化、不发达或消失；鼻孔多开于吻背，只需将鼻孔露出水面便可呼吸空气，在潜入水下时，鼻孔关闭瓣膜，防止海水进入。海蛇栖息于大陆沿岸半咸水的河口带。菲律宾的塔尔湖中有一种海蛇，终生生活在淡水里，因而被称为淡水海蛇。海蛇以鱼为主要食物，常摄食体型细长的鱼类。大多为卵胎生。海蛇亚科，许多种体形较长，头、颈和前半身甚细，产仔。

中国常见的有青环海蛇、环纹海蛇、平颏海蛇、小头海蛇、长吻海蛇、海蝰等种。扁尾蛇亚科是适应海水生活时间不太久的海蛇类，躯干前后粗细差别不大，仅尾部侧扁；其中扁尾蛇属的鼻孔仍开于吻侧，个别种类到岸边产卵。人被海蛇咬伤后，由于蛇毒破坏横纹肌纤维，会出现肌红蛋白尿，并导致呼吸麻痹。

蝰蛇

蝰蛇是一种有毒蛇类，全长1米，重达1.5千克，头呈宽阔的三角形（因为它的头部有巨大的毒腺），与颈区分明显，吻短宽圆。头背的小

蝰蛇

鳞起棱，鼻孔大，位于吻部上端。体背呈棕灰色，具有3纵行大圆斑，每一圆斑的中央为紫色或深棕色，外周为黑色，最外侧有不规则的黑褐色斑纹。腹部为灰白色，散布有粗大的深棕色斑。

蝰蛇

它习惯于生活在平原，丘陵或山区，主要栖息在宽阔的田野中，很少到茂密的林区去，夏季一般在丘陵地带活动，炎热时喜欢栖息在阴凉通风处。受惊时并不逃离，而是将身体盘卷成圈，并发出呼呼的出气声，身体不断膨缩，持续半小时之久。以鼠、鸟、蜥蜴为食，采用突袭方式，躯干前部先向后曲，猛然离地再向前冲并咬住猎物，咬住不放直至吞食下去。9月～10月咬伤人畜较多，是我国剧毒蛇类之一。平均每条蛇咬物一次排毒量约为200毫克。属于卵胎生，7月～8月份产仔，每次产仔十几条左右。

主要分布在福建、广东、广西；国外见于印度、巴基斯坦、缅甸、泰国等地。

蝰蛇也作为蝰蛇科约200种毒蛇的统称。分为两个类群(亚科)，即蝰蛇亚科(东半球蝰蛇)和响尾蛇亚科(颊窝蝰蛇)。某些权威人士认为，蝰蛇的这两个类群应是各自独立的科。蝰蛇的特征是具有一对中空的注射毒液的牙齿，生在上腭活动骨骼上(上腭骨)，不用时可折回嘴内。具颊窝器的蝰蛇(响尾蛇及其他)的特征是：在每侧鼻孔与眼之间有一热敏感小窝，用于探寻温血动物。捕食小型动物，捕猎方法是先咬伤猎物，再追踪。

东半球的蝰蛇分布在欧洲、亚洲和非洲。特点是行动迟钝，身体粗壮，头宽大。许多种类为陆栖。树蝰属的身体细长，尾能缠住树枝，营树栖生活。而穴蝰属则为洞栖，眼细小。大多数种类卵胎生。响尾蛇亚科主要在西半球，从沙漠地带到雨林带皆有。中、南美洲的洞蛇属为陆栖或树栖种类。有些如噬鱼蛇是水栖种类。某些种类产卵；其他为卵胎生。

尖吻蝮（五步蛇）

中文目名：蛇目；中文科名：脊椎动物门眼镜蛇科；中文属名：尖吻蝮属。

尖吻蝮又叫白花蛇、百步蛇、五步蛇、犁头蛇、金钱白花蛇、白花蛇、百节蛇、蕲蛇。

五步蛇隐蔽技术很高

形态特征：头大，呈三角形，吻端有由吻鳞与鼻鳞形成的一短而上翘的突起。头背黑褐色，有对称大鳞片，具颊窝。体背深棕色及棕褐色，背面正中有1行方形大斑块。腹面白色，有交错排列的黑褐色斑块。体形较短，最长的雄性1550毫米左右，雌性1400毫米左右。背鳞最外1至3行仅有极细的弱棱，其余均具有结节的强棱，体表粗糙；尾尖一枚鳞片侧扁而尖长，俗称“佛指甲”。

在我国分布范围主要在东经104°以东，北纬25°到31°之间。已知的分布地区有安徽（南部）、重庆、江西、浙江、福建（北部）、湖南、湖北、广西（北部）、贵州、广东（北部）等省。其中以武夷山山区和皖南山区贮量最多。经调查，我国目前尚有野生状态吻蝮1000余条，国外只见于越南北部生活在海拔100米～1400米的山区或丘陵地带。大多栖息在300米～800米的山谷溪涧附近，偶尔也进入山区村宅，出没于厨房与卧室之中，与森林息息相关。炎热天气，尖吻蝮进入山谷溪流边的岩石、草丛、树根下的阴凉处度夏，冬天在向阳山坡的石缝及土洞中越冬。喜食鼠类、鸟类、蛙类、蟾蜍和蜥蜴，尤以捕食鼠类的频率最高。

五步蛇

尖吻蝮为剧毒蛇。相传人被它咬伤，不出五步即死，故称“五步蛇”。因其全身黑质白花，故又名白花蛇，还因为吻鳞与鼻间鳞均向背方翘起，所以还名褰鼻蛇。头呈三角形，背黑褐色，头腹及喉部白色，散布有少数黑褐色斑点，称“念珠斑”。尾部侧扁，尾尖一枚鳞片尖长，称角质刺，俗称“佛指甲”。尖吻蝮若被逼捕得无路可走时，它就调转“尾利钩”，破腹自杀，“死而眼光不陷。”

竹叶青

分类归属：蛇目，蝰科，竹叶青蛇属。

竹叶青，俗称青竹标、青竹蛇、焦尾巴等。竹叶青蛇是蛇目蝰科蝮亚科的一种。又名青竹蛇、焦尾巴。主要分布于中国长江以南各省、区。在西部，北

竹叶青　可达北纬33度（甘肃文县）吉林长白山也曾发现。通身绿色，腹面稍浅或呈草黄色，眼睛、尾背和尾尖焦红色。体侧常有一条由红白各半的或白色的背鳞缀成的纵线。头较大，呈三角形，眼与鼻孔之间有颊窝（热测位器），尾较短，具缠绕性，头背都是小鳞片。鼻鳞与第一上唇鳞被鳞沟完全分开；躯干中段背鳞19至21行；腹鳞150～178；尾下鳞54至80对。

发现于海拔150米～2000米的山区溪边草丛中、灌木上、岩壁或石上、竹林中，路边枯枝上或田埂草丛中。多于阴雨天活动，在傍晚和夜间最为活跃。以蛙、蝌蚪、蜥蜴、鸟和小型哺乳动物为食。卵胎生。8月～9月间产仔蛇4至5条。在福建、台湾、广东等省，是造成毒蛇咬伤的主要蛇种。平均每次排出毒液量约30毫克。人被咬伤后，伤口局部剧烈灼痛，肿胀发展迅速，其典型特征为血性水泡较多见，且出现较早；一般较少出现全身症状。被竹叶青蛇咬伤虽不致有生命危险，但咬伤的病例很多，故危害甚大。

竹叶青也是武夷山比较常见的毒蛇。它的身体是绿色的，不仔细辨认会与无毒的翠青蛇相混起来，但是它的尾巴焦黄，这正是与翠青蛇相区别的地方。因为它的尾巴似火燎焦，所以当地人叫它焦尾仔或火烧尾的青竹蛇。

竹叶青有扑火和聚居习性。昼夜活动，多在夜间寻食。竹叶青喜欢上树，常缠绕在溪边的灌木丛或小乔木上，会主动攻击人。

卵胎生。产幼蛇10至25条；竹叶青属卵胎生蛇类，会从泄殖孔生出小蛇来。

树栖性。常发现于近水边的灌木丛，山间溪流边。

成体体形：全身可达60至90厘米。

主要食物为啮齿类动物、鸟类、树蛙、小型蜥蜴。

神经质，具攻击性　。

血液毒素，毒性一般，极少发生致命事件，但伤口处理不当则有危险。

竹叶青咬人时的排毒量小，其毒性以出血性改变为主，中毒者很少死亡。伤口牙痕2个，

竹叶青

间距0.3至0.8厘米。伤口有少量渗血，疼痛剧烈，呈烧灼样，局部红肿，可溃破，发展迅速。全身症状有恶心、呕吐、头昏、腹胀痛。部分患者有黏膜出血，吐血、便血，严重的有中毒性休克。

眼镜蛇

俗名：饭匙倩、蝙蝠蛇、胀颈蛇、扇头风。

几种毒性剧烈的蛇的统称，多数种类的颈部肋骨可扩张形成兜帽状。尽管这种兜帽是眼镜蛇的特征，但并非所有种类皆密切相关。眼镜蛇分布于从非洲南部经亚洲南部至东南亚岛屿的区域，在中国南方云南、贵州、安徽、浙江、江西、湖南、福建、台湾、广东、广西、海南等地，北方亦偶尔可见。眼镜蛇为中大型毒蛇，体色为黄褐色至深灰黑色，头部为椭圆形，当其兴奋或发怒时，头会昂起且颈部扩张呈扁平状，状似饭匙。又因其颈部扩张时，背部会呈现一对美丽的黑白斑，看似眼镜状花纹，故名眼镜蛇。背鳞列数为21纵列。

眼镜蛇毒牙短，位于口腔前部，有一道附于其上的沟能分泌毒液。眼镜蛇的毒液通常含神经毒，能破坏被掠食者的神经系统，眼镜蛇主要以小型脊椎动物和其他蛇类为食。眼镜蛇(尤其是较大型种类)的噬咬可以致命，取决于注入毒液量的多少，毒液中的神经毒素会影响呼吸；尽管抗蛇毒血清是有效的，但也必须在被咬伤后尽快注射。在南亚和东南亚，每年发生数千起相关的死亡案例。

毒性成分

毒素为毒蛋白－Cobrotoxin（分子量为6949）心脏毒素Cardiotoxin及磷酯酵素A。

中毒症状

爬行的眼镜蛇

毒蛋白－Cobrotoxin作用于运动神经支配的横纹肌，使其痉挛而麻痹，与箭毒素作用相同。同时具有心脏毒素（Cardiotoxin）为细胞毒性，动物实验上可以使平滑肌及心肌停止收缩，使血压下降，也会破坏局部组织引起细胞坏死及局部红肿痛，另富含磷酯酵素A可分解磷酯质，而引起间接溶血作用。

生活习性及体貌特征

眼镜蛇在民间的俗称是饭铲头、吹风蛇、饭匙头等，头椭圆形，颈部背面有白色眼镜架状斑纹，体背黑褐色，间有十多个黄白色横斑，体长可达2米。具冬眠行为。以鱼、蛙、鼠、鸟及鸟卵等为食。繁殖期6月～8月，每产10到18卵，自然孵化，亲蛇在附近守护，孵化期约50天。

眼镜蛇被激怒时，会将身体前段竖起，颈部两侧膨胀，此时背部的眼镜圈纹愈加明显，同时发出“呼呼”声，借以恐吓敌人。

姓名来历（以及别称）

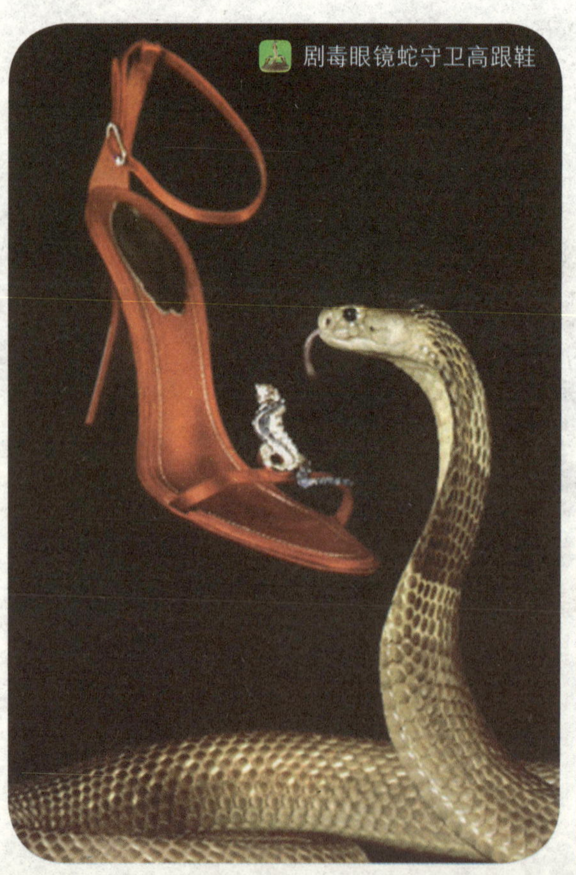

剧毒眼镜蛇守卫高跟鞋

眼镜蛇名字的由来应该是近代17至18世纪以后眼镜出现后附会而成，最后成为了正式名称。在正式命名前是没有统一名称的，中国历史上对蛇类大多都没有专门名称，民间对眼镜蛇曾有很多叫法，如山万蛇、过山风波、大扁颈蛇、大扁头风、扁颈蛇、大膨颈、吹风蛇、过山标、膨颈蛇、过山风、饭铲头等。

眼镜蛇

眼镜王蛇

眼镜王蛇俗称山万蛇、过山峰、过山乌、扁颈蛇、大吹风蛇、英雄蛇、麻骨乌、 蛇王、大眼镜蛇、大膨颈蛇、大扁颈蛇、黑乌梢等。

眼镜王蛇外表狰狞可怕，生性凶猛。当它们遇到危险时，其颈部两侧会膨胀起来，并发出“呼呼”的响声。

眼镜王蛇的舌头很灵敏，能通过空气侦查敌情，辨别猎物的类别。

具前沟牙的毒蛇。外形一般与眼镜蛇相似，区别是眼镜王蛇

①体形较大，常长达3米～4米，最大长度记录为6米，是世界上毒蛇中最大的一种。

②头背除典型的9枚大鳞外，顶鳞之后尚有一对大的枕鳞。

③颈部扩展时，扩展部位较窄而长，且无眼镜蛇的特有斑纹；颈部膨扁时有白色的倒写“V”字形斑，体背有窄白色带斑纹 40至50 个，激怒时其前身1/2 竖起，性凶猛，会主动攻击人畜。

眼镜王蛇1

④背鳞中段15行，尾下鳞部分成单。背面暗褐色或黑色，具横斑；腹面黄白色。颈部腹面橙黄色。幼蛇黑色，具34到45个黄白色环玟。

大多数眼镜王蛇都分布在非洲，但是在亚洲也有它的身影。

眼镜王蛇

在中国分布在浙江、江南、福建、广东、海南、广西、四川、贵州、云南和西藏。

国外分布于东南亚、南亚。

人被眼镜王蛇咬伤后，会感到局部疼痛，四肢放射状烧灼似剧痛，10天后局部坏死。肿胀达于躯干持续约18天。全身水泡，皮肤及皮下组织坏死通常是咬后第 5天出现。创伤要几个月才痊愈。

眼镜王蛇栖息于沿海低地到海拔1800米的山区，多见于森林边缘近水处。白昼活动。主要捕食蛇，偶尔吃蜥蜴等。卵生，7月～8月产卵20至40枚于枯叶筑成的窝内，卵径65.5毫米×33.2毫米。亲蛇有护卵习性。眼镜王蛇性情凶猛，会主动攻击人，咬住人后紧紧不放。其毒液不仅毒性强烈，而且排毒量大，一次可排出毒液400毫克（干重100毫克），相当于致死剂量的几倍。

最令人恐怖的莫过于其受惊发怒时的样子，其身体前部会高高立起，颈部变得

凶猛的眼镜王蛇

宽扁，暴露出其特有的眼镜样斑纹，同时，口中吞吐着又细又长、前端分叉的舌头。它性情更凶猛，反应也极其敏捷，头颈转动灵活，排毒量大，可以说是世界上最危险的蛇类。它的主要食物就是与之相近的同类——其他蛇类，所以在眼镜王蛇的领地，很难见到其他种类的蛇，它们要么逃之夭夭，要么成为眼镜王蛇的腹中之物。

蝮蛇

蝮蛇别名土公蛇,草上飞，是我国各地均有分布的一种小型毒蛇，除食用外，还有很高的医药价值。它种源易得，养殖方法不难，是发家致富的一项新型养殖业。

形态特征

蝮蛇体长60至70厘米，头略呈三角形。背面灰褐色到褐色，头背有一深色“∧”形斑，腹面灰白到灰褐色，杂有黑斑。

生活习性

常栖于平原、丘陵、低山区或田野溪沟有乱石堆下或草丛中，弯曲成盘状或波状。捕食鼠、蛙、蜥蜴、鸟、昆虫等。蝮蛇的繁殖、取食、活动等都受温度的制约，低于10℃时蝮蛇几乎不捕食；5℃以下进入冬眠；20℃～25℃为捕食高峰；30℃以上的钻进蛇洞栖息，一般不捕食。夜间活动频繁，春暖之后陆续出来寻找食物。

繁殖方法

仔蛇2至3年性成熟，可进行繁殖。蝮蛇的繁殖方式和大多数蛇类不同，为卵胎生殖。蝮蛇胚在雌蛇体内发育，生出的仔蛇就能独立生活。这种生殖方式胚胎能受母体保护，所以成活率高，对人工养殖有利，每年5月～9月为繁殖期，每雌可产仔蛇2到8条。初生仔蛇体长14到19厘米，体重21到32克。新生仔蛇当年脱

高原蝮蛇

皮1至2次，然后进入冬眠。

开发利用

用蝮蛇作原料生产的一些贵重药品能医治多种疑难病症。蝮蛇毒素是生产高效抗血栓药物的原料；蛇干有祛风、镇静、解毒镇痛、强壮、下乳等功效。

黑眉蝮蛇

因此开展蝮蛇的人工养殖有较高的经济价值。 蝮蛇纯干毒粉在国际市场是黄金价的20倍，在国内每克价超过1000元。

加蓬咝蝰

加蓬咝蝰全长120至150厘米，最大可达2米。卵胎生，一胎最多能生60条幼蛇。体型粗，体重沉。183厘米长度的个体曾有过11千克的重量记载。体色有淡淡的、有黑褐色复杂而鲜艳的斑纹排列。头呈三角形，毒牙长。之前所述记载的183厘米的个体，它的毒牙长达5厘米。并且与蝮蛇不同的是，它没有热窝。

加蓬咝蝰

加蓬咝蝰栖息于非洲大陆的热带雨林中。与本种的近缘，栖息环境也一样的鼓嘭咝蝰来比，加蓬咝蝰主要在热带雨林，而鼓嘭咝蝰主要栖息于草原。以鼠和蛙、小鸟等小动物为食。本种与其他蝰蛇不一样的是，一旦咬中猎物，那么直到猎物死了也不会松口。喜欢躲在落叶下面守株待兔，身上的图案是极好的伪装，捕食鸟类和哺乳动物。

加蓬咝蝰的毒液主要成分是出血毒，对于人类的致死量是60毫克。每次排毒量平均350毫克，所以人被咬后，如果没有得到及时救助，就没有生还的希望了。

黑树眼镜蛇

身长约3至4米，肤色与名字不相

黑树眼镜蛇

符，整体呈灰色，口腔内部为黑色。一般爬行速度为时速8千米，短距离行速为11千米，爬行速度相当快，有剧毒。

这种好斗的毒蛇能成功地吞下一只兔子、约0.8米长的蜥蜴，以及约1.5米长的鼓腹毒蛇。一口毒可杀20人。

蓝长腺珊瑚蛇

蓝长腺珊瑚蛇

生活习性

一直是东南亚最神秘莫测的毒蛇之一，栖息于初生林及成熟次生林中，半穴居。主要在夜间及清晨、黄昏活动。

食性

主要以其他蛇类为食，亦有资料描述其捕食石龙子或蛙类。

体形特征

长腺珊瑚蛇拥有蛇类中最大的毒腺，毒腺延伸入皮下达1/3体长，毒液为神经毒素，毒性强烈，排毒量虽然不清楚，但以其毒腺大小计算估计不会很少。由于性情温和，行踪隐蔽而且远离人类活动区，所以咬伤致命的例子非常罕见。

黑颈喷毒眼镜蛇

最长可达2米多，平均长度为1.5米，可喷射6.2毫升的毒液。

黑颈喷毒眼镜蛇

金黄珊瑚蛇

分布在美国南部及东南部、墨西哥东北部；栖居在干燥的林地，通常窝伏在落叶堆中，数量仍普遍。生态习性：卵生，每次产下3到13枚卵。这是美国毒性最强的毒蛇，毒性虽强，但生性隐秘，不会随意攻击；喜欢躲在落叶堆、倒塌的树木与岩石底下，美国有一句谚语“红到黄，杀人王，红到黑，请放心”。便是形容珊瑚蛇与牛奶蛇体色辨认的俗语，本种在野外主要以其他蛇类为食。形态特征：体长约0.7至1米，这种剧毒蛇体形小而瘦，有圆形头部、小眼睛，以及红色、黄色、黑色相间的三色环纹。金黄珊瑚蛇与黄颔蛇科同样具有三色环纹的无毒蛇十分相似。主要的不同点在于，黄颔蛇科的蛇都具有颊鳞，珊瑚蛇甚至眼镜蛇科中都没有这项特征。游蛇科多达300属，1600种～1800种，爬行动物中的最大的一科，包括现存2/3的蛇，世界各大洲均有分布，且为除澳洲以外各地的主要蛇类。

被黄金珊瑚蛇咬到后只有很少或根本没有疼痛，并且其他症状可以被延迟12小时。但是，如果没有及时使用血清，神经性毒素就会使大脑和肌肉之间的联系中断，导致说话含糊不清、复视觉、肌肉麻痹，最终因呼吸或心脏衰竭死亡。

这种蛇球状的脑袋、红黄黑相间的身子比它的毒液更有名，以致于多数人用一首压韵诗“红到黑，杀人王；红到黄，好朋友”来区分它和另一种图案相似的模仿者，就像拟态珊瑚蛇。

珊瑚蛇是一种极端隐蔽并且只在人们用手抓它或者踩到它时才攻击人类的蛇。它们会充分考虑要对受害人注入多少毒液，所以大多数对人的叮咬都不会致人死亡。实际上，自从1967年抗蛇毒血清被发明以来。在美国再没有因银环蛇咬伤而导致死亡的例子。

黄金珊瑚蛇与眼镜蛇、曼巴蛇、海蛇有血缘关系。它们生活在美国东南方的森林、沙漠、沼泽等地，并且在它们的一生中大多数时间里生活在挖洞的地下或者叶子堆中。

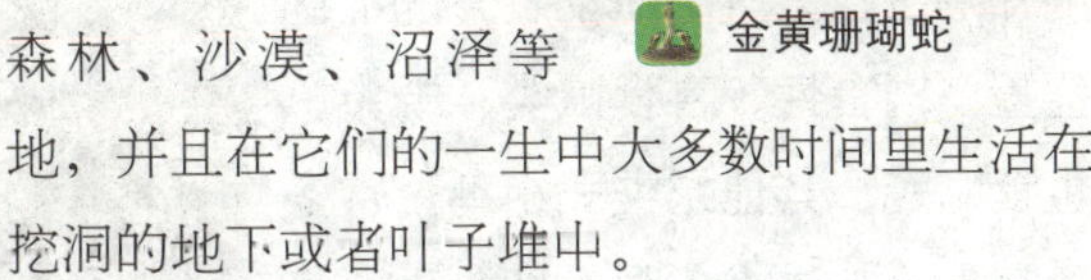

金黄珊瑚蛇

他们吃蜥蜴、青蛙和更小的蛇，包括其他珊瑚蛇。小蛇从它们的蛋中孵出时有7英寸长并且带有剧毒。成蛇可达到2英尺（0.6米）长。它们在野外的平均寿命尚不可知，但它们可以在人工环境下生存7年。

粗尾珊瑚蛇

黑森林眼镜蛇

黑森林眼镜蛇是非洲土生土长的毒蛇，据称是世界上最长的眼镜蛇。

响尾蛇

响尾蛇属于脊椎动物，爬行纲，蝮蛇科（响尾蛇科）。一种管牙类毒蛇，蛇毒是血循毒。一般体长约1.5米～2米。体呈黄绿色，背部具有菱形黑褐斑。尾部末端具有一串角质环，为多次蜕皮后的残存物，当遇到敌人或急剧活动时，迅速摆动尾部的尾环，每秒钟可摆动40到60次，能长时间发出响亮的声音，致使敌人不敢近前，或被吓跑，故称为响尾蛇。在眼和鼻孔之间具有颊窝，是热能的灵敏感受器，可用来测知周围敌人（温血动物）的准确位置。肉食性，喜食鼠类、野兔，也食蜥蜴、其他蛇类和小鸟。常多条集聚一起进入冬眠。卵胎生，每产仔蛇多达8条～15条。主要分布于南、北美洲。

响尾蛇有2属：侏响尾蛇属体小，头顶上有9块大鳞片；响尾蛇属的体型大小不一，因种而异，但头顶上的鳞片都很小。北美洲最常见的是美国东部和中部地区的木纹响尾蛇(即带状斑纹响尾蛇)、美国西部几个州的草原响尾蛇，以及东部菱斑响尾蛇和西部菱斑响尾蛇，后二种为响尾蛇中体型最大者。

响尾蛇分布在加拿大至南美洲一带的干旱地区，体长差距较大，如：墨西哥的几种较小的种约只有30厘米，而东部菱斑响尾蛇约可达2.5米。有少数种带有横条斑纹，多数为灰色或淡褐色，带有深色钻石形、六角形斑纹或斑点，有些种类为深浅不同的橘黄色、粉红色、红色或绿色，鉴定有时困难。

多数种类的响尾蛇捕食小型动物，主要是中啮齿类动物；幼蛇主要以蜥蜴为食。响尾蛇所有种类皆为卵胎生，通常一窝生十几条。与其他蛇类一样，响尾蛇既不能耐热又不

隐藏在沙子中的响尾蛇

响尾蛇

西部菱斑响尾蛇

东部菱斑响尾蛇

蛇。

角响尾蛇生活在沙漠或红土中以及那些被风吹过的松沙地区。它是靠横向伸缩身体前进的，方式很奇特。

角响尾蛇在夜幕降临后不久就开始捕食。它吃啮齿类动物，例如，更格卢鼠和波氏白足鼠。白天它在老鼠洞里休息，或是将自己埋藏在灌木下，与沙面保持同高，很难被发现。

像其他响尾蛇一样，角响尾蛇的尾部有响环，这是由它身上一系列的干鳞片组成的。这些鳞片曾经也是有活力的皮肤，变成死皮后就成了干鳞片。角响尾蛇会摇动响环，向入侵者发出警告：被它咬到是会中毒的！

角响尾蛇靠一种奇特的横向伸缩的方式穿越沙漠，这使它抓得住松沙，在寻找栖身之处或猎物时行动迅速。

当角响尾蛇从沙地上穿过时，会留下其独有的一行行踪迹。

响尾蛇为了长大而蜕皮。每次蜕皮，皮上的鳞状物就被留下来添加到响环上。当它四处游动时，鳞状物会掉下来或是被磨损。野生蛇的响环上很少超过14片鳞片，而在动物园里饲养的蛇可能会有多达29片的鳞片。

响尾蛇尾巴的尖端地方，长着一种角质链装环，围成了一个空腔，角质膜又把空腔隔成两个环状空泡，仿佛是两个空气振荡器。当响尾蛇不

能耐寒，所以热带地区的种类已变为昼伏夜出，暑天时躲在各种隐蔽处(如地洞)，冬天群集在石头裂缝中休眠。响尾蛇皆为毒蛇，对人有危害。随着蛇咬伤治疗方法的不断改进，以及一些民间疗法的抛弃(许多民间方法给受毒害者带来更大的危险)，响尾蛇咬伤已不再像以前那样威胁人类的生命。尽管如此，被咬伤还是要遭受很大的痛苦。毒性最强的是墨西哥西海岸响尾蛇和南美响尾蛇，这两种蛇的毒液对神经系统的毒害更甚于其他种类。美国毒性最强的种类是菱斑响尾

断摇动尾巴的时候，空泡内形成了一股气流，一进一出地来回振荡，空泡就发出了“嘎啦嘎啦”的声音。

人类被咬后，立即便有严重的刺痛灼热感，如大型昆虫的叮咬，随即晕厥。这只是初期的症状。晕厥时间短至几分钟，长至几个小时。恢复意识后感觉身体加重，被咬部位肿胀，呈紫黑色；体温升高，开始产生幻觉，视线中所有物体呈一种颜色（大部分呈褐红色或酱紫色）响尾蛇的毒液与其他毒蛇毒液不同的是，其毒液进入人体后，产生一种酶，使人的肌肉迅速腐烂，破坏人的神经纤维，进入脑神经后致使脑死亡。生还者回顾说，切开其肿胀的胳膊，他发觉整个胳膊的肉都烂掉了，里面都是黑黑的黏乎乎的东西，就如同熟透而烂了的桃子。

铜头蛇

几种彼此间无亲缘关系，但由于头部均呈微红色而得名的蛇。北美铜头蛇见于美国东部和中部的沼泽、林区和多岩石地区。又称高原噬鱼蛇，为蝰科毒蛇，因在眼与鼻之间有一小颊窝，故归于响尾蛇亚科。体长一般不足1米，红色或粉红色，背部常有红棕色滴漏形的横带斑，头铜色。以冷血和温血动物为食，在控制啮齿动物数量方面起重要作用。北美铜头蛇常咬人，但其毒性微弱，极少致人死亡。

澳大利亚铜头蛇为眼镜蛇科毒蛇，见于塔斯马尼亚和澳大利亚南部沿海地区，平均体长1.5米一般为铜色或红棕色。具危险性，但一般不主动攻击人。印度的铜头蛇为三索锦蛇，以鼠为食。

北美铜头蛇

铜头蛇平均体长60至90厘米，身体粗壮厚实，体色橘黄，并且有褐色杂斑，头部红铜色，多生活在美国西部，易受惊吓，被它咬伤大多无性命之忧。

黑曼巴蛇

黑曼巴蛇

世界十大毒王中排名第十的黑曼巴蛇，是非洲毒蛇中体型最长、速度最快、攻击性最强的杀手。它能以高达19千米的时速追逐猎物，而且只需两滴毒液就可以致人死亡。更可怕的是，不管在任何时候，黑曼巴的毒牙里都有20滴毒液，在30年前如果被它咬伤，必死无疑。现在被它咬伤，如果不及时治疗，也下场悲惨！

这种蛇栖息于开阔的灌木丛及草原等较干燥地带，以小型啮齿动物及鸟类为食。体型修长，成蛇一般均超过2米，最长记录可达4.5米，头部长方形，体色为灰褐色，由背脊至腹部逐渐变浅。此蛇最独特的，便是它的口腔内部为黑色，当张大口时可以清楚地见到。上颚前端在攻击时能向上翘起，使其毒牙能刺穿接近平面的物体。前沟牙毒蛇，毒液为神经毒，毒性极强，在非洲，黑曼巴是最富传奇色彩及最令人畏惧的蛇类，不仅有着庞大有力的躯体，致命的毒液，更可怕的是它的攻击性及惊人的速度。民间有传说它在短距离内跑得比马还快，更有传说一条遭围捕的黑曼巴，几分钟内竟杀死了13个围捕它的人！虽然这只是传说，且先不论属实与否，但黑曼巴的确是世界上速度最快及攻击性最强的蛇类，当它受威胁时，黑曼巴能高高竖起身体的前半段，并且张开黑色的大口发动攻击，未用抗毒血清的被咬伤者死亡率接近100%！然而，黑曼巴咬人的事并不常见，而且在蛇发出警告时避开或站立不动，就不会有危险。毕竟，攻击人只是在受到打扰并且忍无可忍的情况下才会发生的。

黑曼巴蛇

绿曼巴蛇

属眼镜蛇科，曼巴属，有剧毒。产于非洲的绿曼巴蛇被认为是目前爬行速度最快的蛇之一，其时速超过每小时11千米。以这样的速度，穿梭在草丛间，相信人是追不上的，而且，大多数的猎物可能也难逃被捕捉的命运。绿曼巴蛇浑身绿得像一根翠竹，头和身子一般细，能灵活地在树枝间跳跃。

绿曼巴蛇

加蓬膨蝰

生态习性

此品种是相当有名的毒蛇，生长在原始雨林及林地中，行动相当缓慢，性情温和且不太主动攻击，通常静止不动，等待缺乏警觉性的老鼠、松鼠，甚至小羚羊或豪猪等猎物送上门来。受惊吓时会膨胀身体，发出像轮胎泄气的“嘶、嘶”声，会躲在落叶堆中伏击猎物，以哺乳类或鸟类为食，其毒牙极长，最长可达5厘米，一次可注入很多毒液，被咬伤而致死的报告很多。属日行性的胎生性蛇类，每次可产下12到60条小蛇。

形态特征

褐色、灰色、紫色的几何花纹，以及树叶状的大头部，使得加蓬膨蝰得以巧妙地隐身在落叶堆里。这是最大且最重的非洲蝮蛇，加蓬膨蝰有两个亚种：分布于东非及中非的东非加蓬膨蝰，以及分布于西非的西非加蓬膨蝰。其分辨方法为：东非加蓬膨蝰的眼后黑条纹中多了一条垂直的眼下淡色条纹，此外西非加蓬膨蝰的吻端角状突起比东非加蓬膨蝰来得长。身体短胖宽扁，头部很大而成明显的三角形，体重与体型和其他蝮蛇比起来显的相当笨重，鼻端有两角状突起，体长可达2米。

加蓬膨蝰

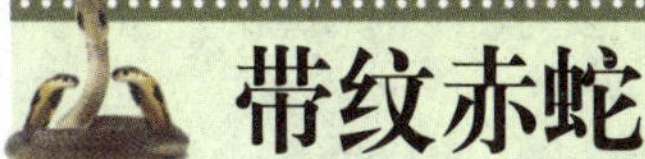

带纹赤蛇

分布地区

中国台湾全岛500米～1500米左右的中低海拔地区，以武陵农场及梅峰附近较易见到。栖居在山区林木底层、石缝与腐植堆中。

生态习性

本种是中国台湾少数的丽纹蛇属成员之一，极为稀少，难得一见。属夜行性蛇类，栖息在中低海拔山区的森林和草丛中，喜欢下雨后的夜晚出来活动，据研究可能以蜥蜴和小型蛇类为食，但其详细习性数据并不详。攻击性很弱，但具有强烈的神经毒。

形态特征

小型蛇类，体型粗短，最大体长为98厘米左右。头顶黑褐色。头后有一白色环纹。颈部不明显。从颈部向后有3条黑色纵带，其间夹杂2条褐色纵带。有些个体的两侧黑色纵带，会有二十余处中断的白色花纹。体鳞13列，少数个体15列。鳞片平滑无棱脊。

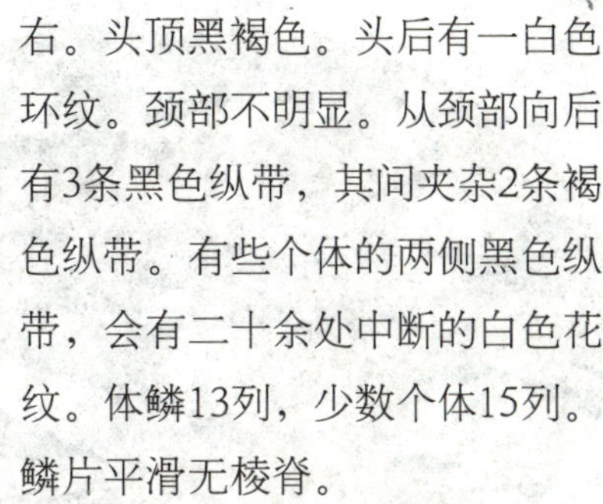

羽鸟氏带纹赤蛇，分布于新竹竹东一带山区，目前仅有6次发现记录。数量更为稀少，腹鳞列数较少，为238到248纵列，带纹赤蛇为249到269纵列。数量稀少，有可能只是带纹赤蛇的变异个体。

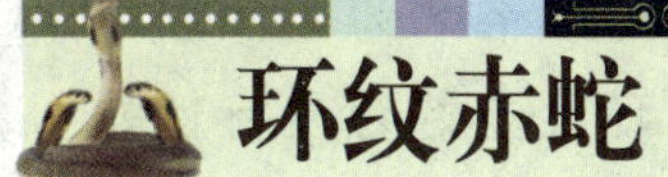

环纹赤蛇

分布地区

中国台湾全岛1000米以下中低海拔地区，中国西南和中南部地区、印度、尼泊尔、缅甸、越南北边及南琉球群岛都有分布。栖居在山区林木底层、石缝、腐植堆中。数量稀少，不常见到。

带纹赤蛇

环纹赤蛇

生活习性

环纹赤蛇身上赤黑相间的环纹，很像美洲的珊瑚蛇，所以俗名为亚洲珊瑚蛇。环纹赤蛇为夜行性蛇类，性情温驯，动作缓慢，攻击性小，但具有强烈的神经毒，仍不宜大意。它栖息于林木底层，因而眼睛小不发达。族群数量少，不易发现。在野外以蜥蜴和小型蛇类，如以盲蛇为食。繁殖方式为卵生。于每年夏季产卵。每窝产卵约4枚～14枚。

形态特征

小型蛇，体长最大约98厘米，全身由赤棕色与黑色相间的环纹构成，黑色环纹明显较棕色环纹窄，且其外侧有黄色细边。头后方有一宽而明显的白色环带。颈部不明显。体鳞13列。片平滑无棱脊。舌头为红色，无颊鳞。

赤尾青竹丝

形态特征

小型毒蛇，又名赤尾鲐,体色以绿色为主,常有人将其与无毒的青蛇相混淆,背鳞列数为21列。

与其他无毒青蛇相比

1.赤尾青竹丝的颈部细长，头呈明显的三角形；青蛇头部则为椭圆形。

赤尾青竹丝

青竹丝

2.赤尾青竹丝的身体两侧有一条自颈部延伸至尾的白色纵线；青蛇则无。

3.赤尾青竹丝的尾部为砖红色；青蛇则为通体绿色。大部分雄性赤尾青竹丝体侧的白色纵线下还有一条红色纵线。

生态习性

赤尾青竹丝的族群数量很多，且栖地形态极为广泛，由平地到2000多米山区的各类型环境多能发现到它的踪迹。常缠绕于灌丛或矮树枝上休息或静待蛙、鼠、鸟类等猎物经过以捕食。多于夜间活动，卵胎生。

水蛇

游蛇科游蛇属动物及类似的蛇类，有轻微毒性。65至80种。除南美洲外，见于各大洲。近来新大陆的种类被划成若干属，其中最大的属为Nerodia属。大多数种类躯体粗壮，体表有黑斑，或背部有条纹，鳞片呈脊棱形。半水栖，无毒，以咬杀方法捕食鱼和两生动物。美洲水蛇常见于水中或水域附近，卵胎生，可产30至75条幼蛇。欧洲水蛇对水的依赖性较小，卵生。该属所有种类的性情皆暴躁，自卫时，除头部膨胀，冲咬对手外，还从肛门腺中释放出一种难闻的分泌物。北美落矶山以东有11种水蛇，代表种是北美游蛇，分布很广，各亚种的俗称不一；体褐色而带斑纹或带状斑，约长90厘米；因外貌与有毒的水栖噬鱼蛇相似，故亦常称噬鱼蛇。普通欧洲水蛇(有时作草蛇)分布于欧洲西部(包括不列颠群岛)和北非至中亚一带；深绿色至黑色，通常背部有小黑斑点，身体两侧有短的线纹，头或颈两侧各有一白色、黄色或橘黄色斑点；有些水蛇的体长接近1.8米，但平均长度不到1米。欧洲至中亚一带的格花水蛇营水栖生活，以鱼为食。印

中国水蛇　铅色水蛇

度的龙骨背蛇，因背部鳞片有显著的棱嵴而得名。亚洲东部至日本一带的草地虎斑游蛇大多数为深绿色或蓝色。

台湾赤练蛇

分布地区

分布在中国台湾全省海拔约1000至2500米的山区。栖居在阔叶林及其边缘之灌丛地带，开阔环境偶有发现记录，本种是中国台湾特有亚种。

形态特征

中型蛇类，长约60至120厘米，头部呈椭圆形，与颈部区分明显，吻端圆钝，身体鳞片粗糙不具光泽，均有明显的棱脊，尾巴细长。头颈部有一黄色横纹，前后有黑色斑纹相接，全身为黄色、橘红色和黑色斑块交错排列的花纹。

台湾赤练蛇

生态习性

栖息于中高海拔山区的森林底层，包含原始阔叶林、草丛、灌木丛、溪流附近等地带，农垦地中亦有其发现记录，属于日行性卵生，以鱼类或两栖类为食，虽然多数具后沟牙的黄颌蛇科都只有轻微毒性，但台湾赤练蛇所具有的毒性，可能是台湾产后沟牙蛇类中最强烈的。

台湾赤练蛇的个性还算温驯，但也还是具有神经质，在受到威胁的时候颈部皮褶会扩张为扁平状，模拟眼镜蛇般威吓掠食者；其头颈部的腺体会分泌出一种淡黄色的液体，如果人体黏膜组织(如伤口、口腔与眼睛)沾到其液体会受到强烈的刺激，必须特别注意。

矛头蛇

蝰蛇科响尾蛇亚科洞蛇属极毒蛇类，遍布美洲热带各种环境，从耕地到热带森林。西班牙人称之为黄腭蛇。头两侧眼与鼻孔之间各有一眼前窝。头宽大，呈三角形，一般体长1.2至2米。灰色或褐色，满布黑边的棱形花纹，花纹之间的交界处颜色略淡。人被咬伤后可致命。

表皮褐色，缀有苍白色几何图形，体长1.3米～2米，剧毒，易致人死亡。矛头蛇有许多

矛头蛇

亲缘种，表皮灰色、褐色、淡红色不一，都缀有相同的图形。矛头蛇在南美北部到墨西哥一带繁衍，有些种类在树上生活，在攻击目标之前，身体首先盘成环状。

澳洲内陆泰攀蛇

内陆泰攀蛇，以前叫做内陆盾尖吻蛇，学名细鳞泰攀蛇，内陆泰攀蛇是它的英文名Inland Taipan翻译过来的，它还有沙漠猛蛇、内陆泰潘蛇、凶猛泰攀蛇、大斑蛇等别名。

内陆泰攀蛇的形体比普通泰攀蛇要小，成蛇也仅为2米左右，内陆泰攀蛇的头部扁平，略尖，眼睛相对较大。内陆泰攀蛇有灰色到黄褐色的鳞片，这些鳞片有时会镶有细黑边。躯干部为褐色或橄榄绿色，腹部为黄白色，而头部则为黑色或有黑色斑纹，毒牙长7.0到13.0毫米。

内陆泰攀蛇栖息于澳大利亚中部人迹罕至的干燥平原、草原、荒漠及干枯河床等地。它们常栖身于鼠穴（洞穴原来的主人经常会被它们吃掉）、较深的地表裂缝或凹洞，有时也寄居于石缝和墙洞中。

内陆泰攀蛇以蛙、蟾蜍、小哺乳动物为食。内陆泰攀蛇经常在河滩地上干硬的泥巴裂缝中猎食啮齿类及小型有袋动物。

内陆泰攀蛇在捕食或受到惊扰时会将前半身成S形挺立起来，攻击速度极快，几乎快到人眼无法看得见，是世界上攻击速度最快的毒蛇，往往猎物还没来得及反应，已被它的毒牙连续咬了两三下。当它采取防御姿势时，身体会抬离地面。

内陆泰攀蛇为卵生蛇类，每次产约12至20枚卵。

内陆泰攀蛇是陆地上最

澳洲内陆泰攀蛇

内陆泰攀蛇

毒的蛇。内陆泰攀蛇的毒液使受试生物死亡一半所需的绝对量（LD50）只有0.021毫克/千克，但排毒量达12.5毫克~40.0毫克，比响尾蛇毒性强300倍，约相当于眼镜王蛇的20倍，与钩鼻海蛇(Enhydrina schistosa)的致死情况不相上下，在动物毒素学上足以排到前10位。它每咬一次受害者，其一次排出的毒液能在24小时内毒死20吨的猎物，这相当于25万只小白鼠、100个成年人或两头非洲大象的重量。内陆泰攀蛇的毒液在短短的15秒内可以杀死一个成年人。

内陆泰攀蛇的毒素种类为神经毒素和心脏毒素。它的毒液分子是从一个名叫尿钠排泄缩氨酸的蛋白质家族进化而来，在脊椎动物中，这些缩氨酸的作用是使心脏周围的肌肉松弛。

内陆泰攀蛇的祖先在蛇毒中产生这些蛋白质，随时间的推移，这种蛋白质松弛肌肉的能力越来越强。进化到今天，只要接触到泰攀蛇的毒液的猎物，它们的大动脉中的血压就会迅速下降，发生血块凝结，猎物因此而死。

内陆泰攀蛇剧毒中的神经毒素主要作用于人体的神经和肌肉接合点，抑制和麻痹神经末梢，阻断肌肉与神经的联系。患者一开始会头疼、恶心、呕吐，继之以腹痛、晕眩和视力模糊，严重者还会痉挛和昏迷，并最终导致呼吸系统瘫痪。它还会造成受害者大出血、严重的肌肉损伤及肾衰竭，它的毒素中还含有能破坏肌肉组织及阻止血液凝固的毒蛋白。

内陆泰攀蛇不仅是毒性最强的蛇，而且咬对手时注入的毒液数量也较多，一次所注入的毒液最多可达几百毫克，毒性之强烈，常常是它对猎物发起袭击后尚未松口，猎物已丧命，或猎物尚未察觉自己遭受伤害，就因毒性发作失去知觉。

人和其他动物一旦被内陆泰攀蛇咬伤之后，会在片刻之间昏迷，很快死亡。历史记录表明，在抗泰攀蛇的蛇毒血清发明之前，只有两人在被泰攀蛇咬伤后

内陆泰攀蛇

侥幸逃脱一死。此蛇分布于人迹罕至的荒漠，是十分稀有的蛇种，生性害羞，见人就躲，另外澳大利亚政府也早已对这种著名的毒蛇有所防范。

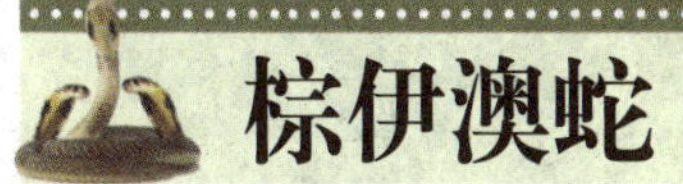

棕伊澳蛇

分布地区

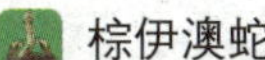
棕伊澳蛇

澳洲(不含南部)及新几内亚南部。栖地范围相当广，从热带森林到沙漠均有分布。

资料

体长约2米。栖息于树林、沙漠， 以蛙、蟾蜍、小哺乳动物为食，卵生，每次产下11至16枚卵；或卵胎生，每次产18至22条幼蛇，日夜均会活动。这是澳洲分布最广的毒蛇。本种在新几内亚南部也曾有发现记录，但据最近的研究显示，这些蛇有可能是另一个新品种。棕伊澳蛇一旦受到威胁，发动攻击前会先撑平窄窄的颈部皮褶及抬高身体前部。

形态特征

体长为1.5到2.7米，此种蛇身体为褐色或红色，有平滑的鳞片、宽阔的头部及大眼睛。

泰攀蛇

分布地区

分布于澳洲北部、新几内亚。

资料

体长约2米。栖息于树林、林地，以小哺乳动物为食，卵生。

生态习性

泰攀蛇是行动快速的哺乳动物杀手，日夜均会活动，毒

泰攀蛇

性强烈，每咬一口释出的毒液已足够杀死150人，本种蛇也是新几内亚南部蛇吻致死的主要元凶；卵生，每次产下3至22枚卵。

虎蛇

眼镜蛇科(Elapidae)爬虫，学名为Notechis scutatus，产于澳大利亚。其毒液含凝血剂和神经麻痹剂，常使人毙命。向人攻击之前，头和颈部膨胀成扁平状(眼镜蛇的方式)。虎蛇为常见种类，南方地区的沼泽地数量极多。体呈多种颜色，一般有褐色和黄色条纹。平均体长1.2米。

黑虎蛇

虎蛇分类

东方虎蛇

1.东方虎蛇　体长约2米。栖息于树林、草原，以鸟类、小哺乳动物为食，胎生。

2.另一种虎蛇　体长约1.2米。栖息于树林、草原，以两栖类为食，胎生。有剧毒。

另一种虎蛇

3.黑虎蛇　体长约1.2米。栖息于沙丘、海滩、草丛等地，以两栖类、鸟类和小哺乳动物为食，胎生。世界最毒10大名蛇中黑虎蛇排在第八位。

莽山烙铁头

全长可达2米。具管牙的毒蛇。通身黑褐色，其间杂以极小黄绿色或铁锈色点，构成细的网纹印象；背鳞的一部分为黄绿色，成团聚集，形成地衣状斑，与黑褐色等距相间，纵贯体尾；左右地衣状斑在背中线相接，形成完整横纹或前后略交错。腹面除前述黑褐色具

蟒山烙铁头

网纹外，还杂有若干较大、略呈三角形的黄绿色斑。头背黑褐色，有典型的黄绿色斑纹。尾后半为一致的浅黄绿色或几近于白色。头大，三角形，与颈区分明显。有颊窝。头背都是小鳞片，较大的鼻间鳞一对彼此相切。中段背鳞25行，除两侧最外一行外，均具棱；腹鳞187–198；肛鳞完整；尾下鳞60至67对，尾侧扁末端平切。我国特有种。目前仅知分布于我国湖南省宜章县境内莽山自然保护区几千公顷的狭小范围内。发现于海拔700米～1100米的山区林下。6月下旬至7月产卵20枚～27枚，卵白色，椭圆形，卵径34至38毫米×50至66毫米，重31到40克。产卵后亲蛇有护卵与孵卵习性。在25℃～30℃温度下，60天左右孵出仔蛇，初孵仔蛇全长330到460毫米，重15到35克。

蟒山烙铁头

蝎子

东亚钳蝎

东亚钳蝎

体长约6厘米，头胸部黑棕色，较短，7节，背面棕褐色，覆有头胸甲。头部有附肢2对，钳肢甚小；螯肢强大，胸部棕黄色，有步足4对。腹部甚长，前腹部较宽，7节；后腹部棕黄色，细长，5节及1节尾刺，尾刺钩状，上屈，内有毒腺。

多穴居，昼伏夜出，捕食昆虫及蜘蛛等动物。全国各地均有分布。

巴勒斯坦毒蝎

地球上毒性最强的蝎子——巴勒斯坦毒蝎，在毒王榜上排名第五。是地球上毒性最强的蝎子，它长长的螯的末尾是带有很多毒液的螯针，趁你不注意刺你一下，螯针释放出来的强大毒液让你极度疼痛、抽搐、瘫痪，甚至心跳停止或呼吸衰竭。主要生活在以色列和远东的其他一些地方。

巴勒斯坦毒蝎

东全蝎

分布在我国的山东（潍坊、临沂、青岛、崂山），体深褐色略呈黑色，体形较长、大。喜微酸性土壤，喜食昆虫类等小形体软动物，繁殖能力较强。

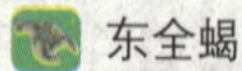

东全蝎

黄肥尾蝎

产地

分布从北非的阿尔及利亚、乍得、利比亚、埃及、毛里塔尼亚、索马里、苏丹、突尼斯，到西亚的以色列、沙特阿拉伯、也门、巴基斯坦等地。

体形

成体一般在7厘米～10厘米。

毒性

毒性强，为剧毒种类，在原栖地偶

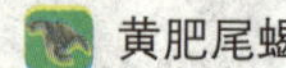

黄肥尾蝎

有人畜被蜇死的报道。

习性

原产地为干燥沙漠地带，有掘沙藏匿的习性，沙漠白天艳阳高悬，高温干燥水分不易保持，黄肥尾蝎皆深蛰不动，夜间或黑暗处则袭击经过的虫类，繁殖期在7至8月间，产子数可达只以60上。平时尾部微卷翘起，在休息时侧放到地面。

本种毒性强，不活泼喜蛰伏，遇危险易慌张，雄蝎及负子的雌蝎对周遭动静相当敏感。避免徒手接触，接近观察时亦应当心其紧张烦躁的倾向。

会全蝎

分布在我国的河南（南阳伏牛山区）、湖北（老河口），体型中等，身较短，深褐色，喜碱性土壤，产仔较早，除昆虫类等小形体软动物外，还能取食一些植物性食料。

会全蝎

帝王蝎

帝王蝎

帝王蝎学名Pandinus imperator，别名真帝王蝎，非洲帝王蝎，属蛛形纲蝎子科，栖息于非洲中部及南部,刚果民主共和国,塞内加尔、苏丹、坦桑尼亚、利比里亚、几内亚、加蓬等地。为CITES II保育类。 亚洲雨林蝎外表与非洲帝王蝎极为相似,但帝王蝎体型较大且粗而圆,螯呈半圆,表面十分粗糙凹凸不平,尾端的毒针则呈现红色。而亚洲雨林蝎体型消瘦,螯较狭长光滑,尾端毒针则呈现黑色或灰色。

身体构造

以下就帝王蝎的背部、眼睛、吻部、步足、毒针、侧面、螯、气孔、栉状器、毛簇等身体构造来做介绍。

蝎子的背部

由一片片的壳组成，蝎子的眼睛:生长于上方利于观察来自形成平坦的背部，有利躲藏于细缝中观察四方的动静。刚产下的幼蝎会爬到母蝎背部。

蝎子的吻部

进食时，吻部的两螯肢将猎物撕裂吸取其肉汁。蝎子步足：蝎子有四对步足，足部前端有爪子利于攀爬。

蝎子的毒针

用来使猎物瘫痪，通常螯小的蝎子毒性会较强。蝎子的侧面：位于蝎子的体侧，是蝎子身体唯一没有壳保护的部位。

蝎子的螯

用来捕捉猎物及御敌，形状大小会因品种不同而有差异。蝎子特有栉状器：长在蝎子腹部，公蝎会用其寻找适合的物体放置精夹。

蝎子的毛簇

是蝎子用来感应周遭环境的器官，其排列方式，数量及位置有助于辨识蝎子种类。蝎子的气孔：是蝎子的呼吸器官。

蝎子身长量法

大部分测吻至肛的长度。

繁殖

帝王蝎的繁殖期约在每年的三四月，雄蝎会先将类似直立小树枝的精夹置放在岩石表面，夹住雌蝎的螯，经由一阵推拉，再让雌蝎把精夹插入殖泄腔，以达成交配的目的。经过约6至9个月的怀孕期，时间长短会依蝎子种类不同而异，母蝎以卵胎生方式直接将幼蝎产下，幼蝎会待在母蝎的背上1周～2周，而幼蝎则需2至3年才能达到性成熟。刚产下的幼蝎全会爬到母蝎背上

成长与脱壳特征

因帝王蝎代谢慢，使其成长速度较为缓慢。蝎子为不完全变态动物，其成长必须靠脱壳，蝎子每次脱壳后，体型都会长大很多，帝王蝎成体可长至30厘米以上，一般至少20厘米上下。帝王蝎属雨林品种，一般雨林品种的蝎子的成长都较沙漠品种慢。

以其脱壳时间来说，幼蝎每次脱壳的相隔时间较短，相比

帝王蝎

帝王蝎

之下成蝎会随着体型的成长，脱壳周期会越长，脱壳后新壳变坚硬，恢复进食所经时间也较长，而不管是成蝎或幼蝎，每次脱壳后体型都会明显增大许多。

蝎子的脱壳过程

1. 从吻部开始脱壳；

2. 接着抽出螯与尾巴；

3. 抽出尾巴的过程蝎子会呈躺着的状态；

4. 一段时间后蝎子就完成脱壳动作，此刻千万不能动它，以免造成伤害，此刻的蝎子身体相当脆弱，禁止触碰，且不需要喂食，但需要补给水分。

捕食行为

帝王蝎为栖息在高温高湿度的品种，黄昏之后才开始有活动，帝王蝎采主动攻击的方式猎食，它会悄悄的靠近猎物，待进入攻击范围后再用其强壮巨大的双螯牢牢抓住猎物．由于具备强而有力的巨螯，帝王蝎不太需要用到毒液，因此其毒性并不强，与蜜蜂接近。其食物为蟋蟀或其它小型昆虫，但帝王蝎体型颇大，所以它还会捕食小型哺乳动物如老鼠等等；

当抓住猎物后，它并不直接吃猎物的肉，而是吐出大量的消化酶，把猎物化成肉汤再吸食。而当食物不足时，蝎子会有残杀同类的行为。

亚洲雨林蝎

生活于马来西亚等亚洲热带雨林中，以昆虫为食。毒性小，可以做宠物饲养，但要注意通风并保持一定湿度。

形态特征

体长约20厘米左右，本种与非洲帝王蝎相当类似，差别在于本种体型较为瘦长，螯肢表面较为细长且表面较平滑，而尾部前端为黑色而不是红色，此外，在体型上也有相当的差异。

亚洲雨林蝎

中东金蝎

生态习性

性情凶恶且具侵略性与神经质，生长速度缓慢，天然的栖息处十分广泛，有沙漠、草原、岩石带等，所以本种蝎可以适应多种地形及气候，栖居的洞穴由20至70厘米深浅不等，但根据记录有学者发现其野生洞穴可以挖掘至地下80厘米深，人工环境下十分容易饲养，但很难繁殖。饲养时白天温度保持在24℃～30℃左右，晚上可降至10℃～15℃左右；湿度维持在75%～80%左右即可。

形态特征

体长约5到8厘米，体色为黄褐色、深褐色到黑都有，尾部相对较短。中东金蝎的体型纤细，但却拥有一对强力的大型螯肢，看起来显得有些不协调。

中东金蝎

南非三色蝎

分布地区

分布于西南非。栖居在干燥沙漠区及边沿地带。

生态习性

本种是性情凶猛且容易紧张的沙漠蝎种，容易适应大幅度的温度转变，如果要饲养的话，日间温度控制在25℃～32℃左右，晚上则保持在20℃以上；如遇冬天可使用电热板加温，但如果本种长时间在温度过低(15℃)下饲养，除影响其生长速度外，更会令其停止进食甚至死亡，所以冬天时必定要注意保温。湿度方面约保持在55%～65%左右，使用喷雾器定期保持环境的湿润，但要准备一个地方保持干燥供其栖息。

体型特征

体长约15至20厘米，钳肢与头胸部为黄褐色，钳肢前与身体为深褐色，四肢与尾节为淡黄色，故命名为三色蝎。

蜘蛛

狼蛛

狼蛛亦称地蛛或猎蛛。蜘蛛的一种，属节肢动物门、蛛形纲动物，能捕杀害虫，毒性不强，对人没有危害，是有益动物。

平时过着游猎生活，一到繁殖季节，雄狼蛛总是百般地讨好雌蛛，大献殷勤。

蜘蛛目广泛分布的狼蛛科动物。因像狼那样追扑食物而得名。在北美洲有125种，欧洲约50种。中小型，最大的长约2.5厘米，步足也同样长。

多数深褐色。从眼的排列可以鉴别：前列4个小眼，中列2眼大，后列2眼小或中等大。螯肢强壮。行走快。常在草中、石和木头下或落叶层中，夜间或阴天尤其活跃。灰色的卵袋系在雌蛛纺器上，像拖着一个球。幼蛛孵出后爬在雌蛛背上数天。

多数在地下打洞，衬以丝管。有的用废物隐蔽洞口；还有在洞上方筑一像塔的结构。少数种类织网。水狼蛛常见于水边，头胸部背面有“V”字形斑，腹部有“人”字形斑或成对的黄点。豹蛛的步足较长，足上有长刺。穴狼蛛大部分时间在洞内，前足发达能够掘土。狼蛛属是一个大属，包括本科大多数最大的种类，如，欧洲南部的塔兰托狼蛛。

狼蛛

狼蛛求偶时，先纺织一个小的精网，把精液撒在上面，然后举着构造特殊的脚须捞取精液，含情脉脉地靠近雌蛛。在靠近雌蛛前，雄蛛在远处不断地挥舞脚须，若雌蛛伏着不动，雄蛛才得以靠近雌蛛进行交配，雄蛛用脚须把精液送进雌蛛的受精囊中。一旦交配完成，它就会被凶残的雌蛛吃掉，成了短命的“新郎”。

虽然雌狼蛛嗜杀成性，但抚养子女却体贴入微。它产卵前先用蛛丝铺设产褥，将卵产上后又用蛛丝覆盖，做成一个外包“厚丝缎”，内铺“软丝被”的卵囊，以防风避雨。为了防止意外，狼蛛干脆把卵囊带在腹部下面，用长长的步足夹着它随身带走。

小狼蛛出世后，雌蛛更是爱护备至。幼儿纷纷爬上母亲的背部或腹壁，由母亲背着到处巡游、狩猎。这样，要持续到幼蛛第二次蜕皮后，雌蛛才肯放心地让它们离开自己，各自谋生。

狼蛛

黑寡妇蜘蛛

黑寡妇蜘蛛（简称黑寡妇）是一种具有强烈的神经毒素的蜘蛛。它是一种广泛分布的大型寡妇蜘蛛，通常生长在城市居民区和农村地区。黑寡妇蜘蛛这一名称一般特指属内的一个物种Latrodectus mectans，有时也指多个寡妇蜘蛛属的物种，其中有31种已被识别的物种包括：澳洲红背蛛和褐寡妇蜘蛛。在南非，黑寡妇蜘蛛被称作纽扣蜘蛛。

黑寡妇

其实，黑寡妇雄蜘蛛性格较温和，毒性很小，不会袭击人。而黑寡妇雌蜘蛛性情“歹毒”，它们不但袭击其他昆虫，而且吞食自己的“丈夫”，甚至敢攻击招惹它们的人。黑寡妇雌蜘蛛是世界上毒性最强的蜘蛛之一，它的毒液比响尾蛇毒还强15倍，任何动物一旦被它咬伤，就会出现从肌肉到整个神经系统的剧烈疼痛，乃至死亡。

成年雌性黑寡妇蜘蛛腹部呈亮黑色，并有一个红色的沙漏状斑记。这个斑记通常是红色的，有些可能介于白色与黄色间或是某种红色与橘黄色间的颜色。对某些物种，斑记可能是分开的两个点。雌性黑寡妇蜘蛛包括腿展大约38毫米长。躯体大约13毫米长。雄性黑寡妇蜘蛛大小约只有雌性蜘蛛的一半，甚至更小。它们相对于躯体大小具有更长的腿和较小的腹部。它们通常呈黑褐色，并具有黄色条纹，以及一个黄色的沙漏斑记。成年雄性蜘蛛可以通过更纤细的躯体与更长的腿和更大的须肢与未成

年雌性蜘蛛区别开来。

黑寡妇蜘蛛通常生活在温带或热带地区。它们一般以各种昆虫为食，不过偶尔它们也捕食虱子、马陆、蜈蚣和其他蜘蛛。当猎物缠在上网，黑寡妇蜘蛛就迅速从栖所出击，用坚韧的网将猎物稳妥地包裹住，然后刺穿猎物并将毒素注入。毒素10分钟左右起效，此间猎物始终由蜘蛛紧紧把持着。当猎物的活动停止，蜘蛛将消化酶注入伤口。随后黑寡妇蜘蛛将猎物带回栖所待用。

作为节肢动物的共同特征，黑寡妇蜘蛛具有含几丁质和蛋白质的坚硬外壳。当雄性成熟，它会编织一张含精液的网，将精子涂在上面，并在触角上沾上精液。黑寡妇蜘蛛通过雄性将触角插入雌性受精囊孔实现两性繁殖。交配后，雌性蜘蛛往往杀死并吃掉雄性；但在雌性饱食的情况下，雄性可得以逃脱。雌性产的卵包在一个球形柔滑的囊中，作为伪装和保护。一个雌性黑寡妇蜘蛛在一个夏天能产9个卵囊，每个卵囊含400个卵。通常，卵的孵化需要20天～30天，但由于同类相食，这一过程中很少有12个以上能存活。黑寡妇蜘蛛发育成熟需要2至4个月。雌性在成熟后能继续生存约180天，雄性则只有90天。

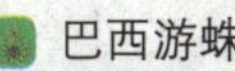

巴西游蛛

巴西游蛛又名蝰蟷，体长1到3厘米。毒性非常大，足以致命。螯肢发达，前端有几排刺组成的螯耙，用于挖土掘穴。螯牙能上下活动。触肢长，步足状。多数种类仅有4个纺器。全球约五百余种。穴居地下，洞内衬以丝膜。绝大多数穴口有可以开启的活盖。盖下有丝，蜘蛛可以拉紧盖使洞口紧闭。盖上有残屑伪装，或长有青苔而与地表一色。如有小虫经过洞口，蜘蛛即启盖冲出捕捉，带入洞内取食。除捕食外，雌蛛很少离洞。但雄蛛徘徊寻找雌蛛。本科常见的为垃土蛛属的种类。

巴西游蛛

捕鸟蛛

越南捕鸟蛛

捕鸟蛛是蜘蛛中的“巨人”，大小像拳头(5到15厘米),四足外展时体宽可达20多厘米，最大捕鸟蛛可达到25厘米长。因捕食鸟类而得名。

捕鸟蛛是自然界中最巧妙的猎手之一。它有喷丝织网的独特本领，在树枝间编织具有很强黏性的网，一旦食鸟蛛喜食的小鸟、青蛙、蜥蜴和其他昆虫落入网中，必定成为食鸟蛛的口中之食。食鸟蛛一般多在夜间活动，白天隐藏在网附近的巢穴或树根间，一有猎物落网，它就迅速爬过来，抓住猎物，分泌毒液将猎物毒死作为食物。由于它十分凶悍，人类也得提防。捕鸟蛛织的蛛网能经得住300克的重量。1975年,在墨西哥曾发现一株大树的几根树枝，被一张巨大而多层的蛛网所遮盖，最大的网竟能将一棵18.3米高的大树上部3/4的树枝遮蔽掉。

身披橙色毛的捕鸟蛛在遇到围攻时，能用足擦掉腹部的毛，一旦对手粘上，就会又痒又痛不敢再追。捕鸟蛛头部有8只眼,所以叫“八眼蜘蛛王”，不过它却高度近视。捕鸟蛛头部嘴边还生有一对强有力的螯牙，好像一把钳子，能自如地转动。螯牙下连毒腺，毒液能从螯牙的尖端分泌出来。

中国虎纹捕鸟蛛

捕鸟蛛

南美洲的亚马逊热带雨林是捕鸟蛛的故乡。它性喜独处。卵生，一般能活10多年，甚至30年。

漏斗形蜘蛛

在毒王榜上排名第六的漏斗形蜘蛛，生活在澳大利亚悉尼市近郊。它被视为毒性最强的蜘蛛，其毒牙足以穿透人类的指甲。与多数过着宁静生活的蜘蛛不同，这种小家伙极具侵略性，一旦受到打扰就会抬起后腿，并不断咬受害者。虽然雄蜘蛛的体型比雌蜘蛛小，但其毒液的毒性是雌蜘蛛的5倍。记住一点：当你在澳洲上厕所时，要小心碰触马桶座，因为那是毒蜘蛛最喜欢待的地方。

漏斗形蜘蛛

红带蛛

红带蛛有毒，体表呈黑色，雄蛛腹部有红色斑点，雌蛛体长可达2厘米。红带蛛的毒液可破坏人，以及骆驼、马等大牲畜的神经系统，严重时可导致死亡。这种毒蜘蛛主要分布于中亚、西亚、南欧、北非和俄罗斯阿尔泰边区。

通常在没有受到惊扰的情况下，红带蛛是不会主动攻击人的。红带蛛常栖息在草丛中，因此，人在草丛中休息时，须先查看一番。在草丛中行走时不能光着脚。毒理学专家建议，一旦被红带蛛咬伤，须赶快点燃火柴，灼烧伤口。红带蛛毒液的主要成分为蛋白质。被灼烧后，毒蛋白便会凝固，从而减轻毒液的危害。此后，伤者须尽快送往医院。若救治及时，伤者可完全康复。

红带蛛

赤背蜘蛛

赤背蜘蛛因背上有一条鲜艳的红色条纹而得名，它是一种恶名昭著的美洲蜘蛛——“黑寡妇”的远亲。赤背蜘蛛体内的毒液可能导致幼儿死亡，但在一般情况下不会对成年人造成生命威胁。

毛蜘蛛

通常说的毛蜘蛛属于捕鸟蛛科，是比较原始的一科。至今已被发现的约有830多种。捕鸟蜘为原疣亚目种类，单眼集中于头胸部上方，与其他原疣亚目最大不同为其步脚具步端毛束。

毛蜘蛛的体型在蜘蛛目中为中到大型，体型最小的Cyriocosmus leetzi足展也有3厘米，体型最大的亚马逊食鸟Theraphosa blondi足展可超过20厘米。

毛蜘蛛主要分为两大类，分别是树栖型及地栖型。

树栖型

树栖型蜘蛛是生活在树上，墙角等垂直的地方。它们很喜用丝筑巢，它们的巢穴大多是成圆形的管道，而且成“U”字形，它们会结上很多层很厚的丝，而这张丝床用途大多是栖息及蜕皮时用。树蜘蛛身手很敏捷，身形修长平坦，而所有树蜘蛛是不会剃毛的，它们防御的方法有三种，射出排泄物，以攻势姿态对着入侵者及不速之客，最后的方法便是快速逃走。因树上生活的原因，所有树蜘蛛的寿命及生长速度比地栖性的蜘蛛较短，而身体长度也比地蜘蛛短。市面上普遍的树蜘蛛有粉红脚亚科及华丽雨林亚科。

地栖型

地蜘蛛通常会再分为两类，一类会挖洞做巢，而另一类是不会做巢的，只会找一些地洞(通常是一些蛇穴，鼠穴或是其他蜘蛛挖好的洞穴，如食鸟蜘蛛便是)。它们也会用丝布置自己的洞穴，用以防止地面的潮湿发霉、蚂蚁等小入侵者，在蜕皮期间它们会用丝封住洞口以保护自己脆弱的新身体。

因是穴居的关系，它们只会在巢外附近的地方捕食，而母体会终身住在自己的洞穴，雄性因要找

毛蜘蛛

雌性交配，所以会弃掉自己的巢穴寻找雌性。

地栖蜘蛛的防御方法也不外乎三种，因它们不会轻易放弃自己的巢，所以它们会剃毛(南美蜘蛛才会)；二是摆出攻击姿态驱赶敌人；三是如不奏效当然只能快速躲回巢中。市面上的地蜘蛛有很多种，如，南美蜘蛛，亚洲地老虎及非洲大陆的巴布。

除了用以上不同的生活方式分辨毛蜘蛛外，不同的产地也是区别毛蜘蛛的方法。生活在美洲大陆的全是新世界品种(New World Species)，而生活在美洲以外的则全被称为旧世界品种(Old World Species)。

先说说新世界品种，新世界的地蜘蛛会剃毛，而树蜘蛛则会射出排泄物来作防御。养美洲蜘蛛的人都会知道美洲蜘蛛的肚毛很长，原因是它们以后腿踢出肚毛，而那些毛是可以令哺乳动物产生反映，如，毛吹进眼睛会使眼睛红肿而短暂失明，进入呼吸道会引起喷嚏呼吸困难，还会使皮肤有刺痛感。树蜘蛛虽不踢毛，但尾部射出的排泄物也可令哺乳动物产生敏感。

毛蜘蛛

毛蜘蛛

除了美洲外，所有地区的品种也是旧世界蜘蛛。在不同地方的旧世界蜘蛛都会有代表性的称号。

亚洲地老虎，它们的身上(尾部)带有老虎间纹，而且老虎是亚洲有代表性的动物，所以国外的人有称亚洲毛蜘蛛为地老虎。

非洲巴布的由来也是因为巴布，即是狒狒。所有的非洲毛蜘蛛都非常凶猛，有如狒狒般(狒狒也是很凶恶的动物)，所以当地土人称毛蜘蛛为狒狒蜘蛛(巴布)。巴布的品种很广泛，众所周知的品种有，帝王巴布Citharischius crawshay、角巴布Ceratogyrus species、非洲红、黑、啡巴布Hysterocrates species及橙巴布Pterinochilus species。

绿色红螯蛛

雌蛛体长6毫米左右。头胸部呈褐色，中窝不明显。前眼列稍后曲或端直；后眼列后曲并长于前眼列，前、后、中眼间距小于前、后、中侧眼间距。中眼域不呈梯形，前后侧眼基部靠近。自后中眼至中窝间有2条淡褐色平行条纹。螯肢背外侧具褐色纵带。颚叶端部着生粗毛。胸板黄色，其前缘两侧呈黑色。步足细长，黄褐色，第Ⅰ对步足长于第Ⅲ对步足，第Ⅱ对步足腿节背面无刺，第Ⅲ对步足胫节腹面无刺。腹部背面黄色或淡绿色。心脏斑赤黄色。

绿色红螯蛛

壶拟扁蛛

雌蛛体长约10毫米，背甲长4.50毫米，宽5.5毫米；腹部长5.5毫米，宽4.5毫米。腹部背面斑纹清晰。第Ⅰ－Ⅳ步足腿节各有3根背刺，第1腿节前侧面有2根刺，第Ⅱ～Ⅳ腿节前侧面无刺，全部腿节后侧面无刺；全部膝节有2背刺；第Ⅰ－Ⅱ胫节各有3对腹刺，第Ⅲ～Ⅳ胫节各有2对腹刺；全部后跗节各有2对腹刺，各步足胫节及后跗节的前侧面及后侧面均无刺。足式3、2、4、1。步足棕色，各节上之深色斑纹清晰，腿节有深色环纹3条，膝节有深色环纹1条，胫节有深色环纹2条，第Ⅰ－Ⅱ后跗节有深色环纹1条，第Ⅲ－Ⅳ后跗节有深色环纹2条，外雌器外观近似壶状。

壶拟扁蛛

猎人蛛

澳大利亚境内有一种世界上最大的蜘蛛。大的约有半斤多重，有8条腿，相貌丑陋，但却是捕捉蚊虫的好手，凡敢于来犯的蚊子无一生还，具有猎人般的本领。同时，猎人蛛含有大量蛋白质，是土著人的上乘佳肴。

蓝星狼蛛

蓝星狼蛛的身长12至15厘米，有剧毒，繁殖方式为卵生。以蟋蟀等昆虫为食物，也吃初生的小老鼠。一般喜欢生活在温度:28℃～30℃；湿度:80%～85%的环境中。

蛙类

毒箭蛙

亦称毒标枪蛙或毒箭蛙体型小，通常长仅1到5厘米，但非常显眼，颜色为黑与艳红、黄、橙、粉红、绿、蓝的结合。栖居地面或靠近地面，全部属于毒蛙科，但并非所有170种都有毒。

箭毒蛙具有某些最强的毒素。这种两生类身体各处散布的毒腺会产生一些影响神经系统的生物碱。最毒的种类是哥伦比亚艳黄色的叶毒蛙属，仅仅接触就能伤人。毒素能被未破的皮肤吸收，导致严重的过敏。当地人并不杀死这种蛙来提炼毒素，而只是把吹箭枪的矛头刮过蛙背，然后放走它。其他箭毒蛙就没有那么幸运了。哥伦比亚几个部落利用各种不同的箭毒蛙来提供毒素，以涂抹在吹箭枪的矛头。乔科人(Choco)把尖锐的木棒插入蛙嘴，直到蛙释出一种有毒生物碱的泡沫为止。一只箭毒蛙能够提供50支矛浸泡所需的毒素，有效期限一年。显然有毒的亮丽颜色使这些蛙能在白昼大胆捕猎，摄食蚂蚁、白蚁和住在热带雨林枯枝落叶层的其他小型生物。

它们全年繁殖。蛙在地面产下果酱般的卵团，由双亲之一守卫，或回来观看并经常将之弄湿。新孵出的蝌蚪由双亲之一背往适合的水坑、树洞或凤梨科植物。有生存能力后，某些树蛙能够活到15岁。箭毒蛙科有6至8属130到170种，分布于拉丁美洲从尼加拉瓜到巴西东南部和玻利维亚一带。箭毒蛙毫无疑问是拉丁美洲乃至全世界最著名的蛙类，这一方面是因为它们属于世界上毒性最大的

草莓箭毒蛙

钴蓝箭毒蛙

动物之列，另一方面也是因为它们拥有非常鲜艳的警戒色，是蛙中最漂亮的成员。箭毒蛙科的成员并非全部有毒和色彩鲜艳，有毒的成员彼此之间的毒性也有差异，其中毒性大的种类一只所具有的毒素就足以杀死2万只老鼠。箭毒蛙多数体型很小，最小的仅1.5厘米，但也有少数可以达到6厘米。

许多箭毒蛙的表皮颜色鲜亮，多半带有红色、黄色或黑色的斑纹。这些颜色在动物界常被用作一种动物向其他动物发出的警告：它们是不宜吃的。这些颜色使箭毒蛙显得非常与众不同——它们不需要躲避敌人，因为攻击者不敢接近它们。最致命的毒素来自于南美的哥伦比亚产的科可蛙，只需0.0003克就足以毒死一个人。

外形特征

箭毒蛙是一种个体很小的蛙类，它的整个体躯也不超过5厘米，也就是说只有两个手指那么大，可是它在背上藏着的毒液，足可以使任何动物毙命。箭毒蛙的皮肤内有许多腺体，它分泌出的剧毒黏液，既可润滑皮肤，又能保护自己。箭毒蛙的毒性非常强，冠于一切蛙毒之上。取其毒液1克的十万分之一即可毒死一个人；五百万分之一可以毒死一只老鼠。任何动物只要去吃它，只要舌头粘上一点毒液，就会中毒死亡。

地理分布

黄黑箭毒蛙

箭毒蛙主要分布于巴西、圭亚那、智利等热带雨林中，通身鲜艳多彩，四肢布满鳞纹。其中以柠檬黄最为耀眼和突出。举目四望，它似乎在炫耀自己的美丽，又像警告来犯的敌人。除了人类外，箭毒蛙几乎再没有别的敌人。

雄性育幼

绿黑色箭毒蛙

箭毒蛙有特殊的雄性育幼行为，这种蛙的雌性成体比雄性成体大，但却不哺育后代。雌雄的交配常发生在栖

生于倒木上的凤梨科植物附近，这不是箭毒蛙欣赏花的美丽，而是因为这些植物轮生的叶片构造出一个小“池塘”，为蛙卵提供了发育的场所。雌雄交配，雌蛙将卵产在积水处后便悄然离去，只有雄性蛙耐心地照料后代。卵一旦发育成蝌蚪，雄蛙便将蝌蚪分别背到不同的有适量积水的地方，因为蝌蚪是肉食性的，两个蝌蚪在一起会自相残杀。

蟾 蜍

蟾蜍，别名癞蛤蟆、癞刺。在动物分类学上属脊椎动物门、两栖纲、无尾目、蟾蜍科。本科现已有25个属300种左右，我国目前已知有2个属17个种和亚种，其中中华大蟾蜍分布最广，几乎全国各地均有分布，从它身上刮下的蟾酥和脱下的蟾衣是我国紧缺的药材。蟾蜍在全国各地均有分布。从春末至秋末，白天

中华大蟾蜍

蟾蜍

多潜伏在草丛和农作物间，或在住宅四周及旱地的石块下、土洞中，黄昏时常在路旁、草地上爬行觅食。行动缓慢笨拙，不善于跳跃、游泳，只能作匍匐爬行。但近年来，由于生态环境日趋恶化，野生资源急剧减少，人工养殖蟾蜍已势在必行。

蟾蜍是无尾目、蟾蜍科动物的总称。最常见的蟾蜍是大蟾蜍，俗称癞蛤蟆。皮肤粗糙，背面长满了大大小小的疙瘩，这是皮脂腺。其中最大的一对是位于头侧鼓膜上方的耳后腺。遇到危险的时候，会把毒液喷到敌人的鼻子前来自卫。这些腺体分泌的白色毒液，是制作蟾酥的原料。蟾蜍一般是指蟾蜍科的300多种蟾蜍，它们分属26个属。主要分布在除了澳大利亚、马达加斯加、波利尼西亚和两极以外的世界各地区。

铃 蟾

无尾目盘舌蟾科的一属，通称铃蟾。比较原始。肩带弧胸形；有3对短肋；椎体后凹形。现有6种。在欧洲和亚洲东部，从寒温带至热带北

缘，呈断裂分布。中国有4种，其中东方铃蟾分布最广，包括华北、苏北、东北等地区；以及朝鲜和苏联东部。其余3种分别产于四川、云南、贵州、湖北、广西；以及越南北部。本属动物，舌呈圆盘状。蝌蚪口部周围有唇乳突，有角质齿，每排由2至3行小齿组成，出水孔位于腹中部；属于有角齿腹孔型。背面皮肤极粗糙。吻端圆而高，瞳孔心形或圆形。整个腹面颜色极为醒目，橘红或橘黄与黑色相间，掌部橘红色。多栖息于山溪、沼泽及其附近。在繁殖季节进入水塘或泥坑。成蟾行动迟缓，多爬行。当受惊扰或遇敌害攻击时，将头和四肢向背面翘起，显露出醒目的橘红和黑色斑块，作假死状。2至3分钟后恢复原态逃逸。每年5至7月产卵。东方铃蟾的卵产于山溪水涵内石下；大蹼铃蟾的卵产于沼泽地水坑或泥塘内，卵群成串悬于水内枯枝或水草上，有的单粒沉于水底。蝌蚪适于底栖，头体短圆，尾弱，尾鳍高。欧洲产的红腹铃蟾可生活20年。

东方铃蟾

铃蟾在遇到危险的时候，皮肤会分泌乳白色毒液，可使敌人无法动弹。

大蹼铃蟾

美洲巨蟾蜍

美洲巨蟾蜍是一种臃肿的短腿蟾蜍，个体可以达到15厘米长。前肢无蹼，后肢有。皮肤粗糙有瘤，褐色到灰绿色。毒腺遍布皮肤，在肩处密集。

该物种在被人类到处转运之前生活于亚热带森林的水边，在引入其的夏威夷等地的类似环境中也存在。但是现在，其可以在多种环境下生存，如池塘、花园、垃圾堆、排水管道，以及破旧的房屋等。其可生活于干燥环境中，但需在附近的浅水中繁殖。耐盐性强。

其捕食各种可捕食的猎物，在澳大利亚，有人宣称在其口中或腹中发现过多种蛇类。在澳大利亚，研究人员发现其对当地两

美洲巨蟾蜍

栖类动物类群结构的影响极大，对当地的生物多样性造成重大威胁。在关岛，此蟾蜍要为蜥蜴数量的减少承担责任等，发现其还捕食鼠类。

此蟾蜍在遇到挑衅或威胁时可分泌毒液，如被捕食者咬住，其可以导致家畜死亡。毒液可喷射到1米以外，人眼被攻击后产生巨痛。存在因毒液造成人类死亡的案例，对婴幼儿威胁极大。叫声巨大，影响人类正常的作息。

黑眶蟾蜍

黑眶蟾蜍又叫癞蛤蟆、蛤巴、癞疙疱、蟾蜍，属蟾蜍科。

分布于国内宁夏、四川、云南、贵州、浙江、江西、湖南、福建、台湾、广东、广西、海南。国外分布在南亚、中南半岛及东南亚。

体较大，雄蟾体长平均63毫米，雌蟾为96毫米。头部吻至上眼睑内缘有黑色骨质脊棱。皮肤粗糙，除头顶部无疣，其他部位布满大小不等的疣粒。耳后腺较大，呈椭圆形。腹面密布小疣柱。所有疣上有黑棕色角刺。体色一般为黄棕色，有不规则的棕红色花斑。腹面胸腹部的乳黄色上有深灰色花斑。

黑眶蟾蜍

栖息于森林，耕作地或都市区里的庭院等各式环境，不过在水田，沼地及森林深处等区域则较为少见。2月～4月为繁殖期，卵块呈细绳状。

白天多隐蔽在土洞或墙缝中，晚上爬向河滩及水塘边。产卵季节随地区不同而异；在爪哇终年产卵；广州于2月～3月间产卵；云南西双版纳在4月～5月产卵；在海南岛11月～12月产卵于深水坑内。卵带内有卵2行、受精后3日孵出。

皮肤腺和耳后腺上的分泌物有毒，但能制成蟾酥、药用。能消灭田间害虫及防治蚁害，应禁止乱捕。

黑眶蟾蜍

蜥蜴

美洲毒蜥蜴

美洲毒蜥蜴

身长约50厘米，夜间活动，在食物不足的时候，也可以凭借预先积存在尾部的脂肪生存。主要分布在墨西哥西北部、美国西南部，以及沙漠地带。

美洲毒蜥蜴的下颚有毒腺，但是在没有遇到危险的时候，一般不会使用毒液。一旦毒蜥蜴开始使用毒液攻击，直至猎物因中毒而死它才会停止注入毒液。

墨西哥毒蜥蜴

墨西哥毒蜥蜴又名钝尾毒蜥、珠毒蜥。喜食鸟类、野鼠、小蛇，以及蛋类等。身长54厘米，最长达92厘米。生存于热带落叶林、灌木林，荒漠及草原地带。体粗尾短，外形笨拙,体表华丽，特征全长一般50至70厘米，外观与美国毒蜥酷似，头部几乎呈单一色系（黑或暗褐色），头顶部位并无任何淡色花纹。在黄色或橙色的背景上具暗色的网纹。头部略扁，背面和四肢外侧被有大的骨板。毒蜥的下颌有毒腺，毒液通过导管注入口腔，再经毒牙的沟注入被毒蜥咬住的伤口内。人被毒蜥咬后有痛感，但极少致命。

墨西哥毒蜥蜴

昆虫

黑脉金斑蝶

黑脉金斑蝶又名大桦斑蝶，黑脉金斑蝶、黑脉桦斑蝶。种类有鳞翅目、蝶亚目，斑蝶科属斑，斑蝶属。

黑脉金斑蝶的幼虫

黑脉金斑蝶，俗称“帝王蝶”，是北美地区最常见的蝴蝶之一，也是地球上唯一的迁徙性蝴蝶。其幼虫以有毒植物马利筋为食，是一种食毒以防身的特殊物种。

马利筋，是一种广泛分布于落基山脉以东，北至加拿大、南至墨西哥等广大地区的多年生直立草本毒性植物，全株有含毒性的白色乳汁。马利筋与黑脉金斑蝶同属亚热带物种。经过漫长进化，马利筋逐渐适应北方寒冷的气候，向北美地区发展，黑脉金斑蝶也随之向北迁移。但是，黑脉金斑蝶无法忍受北美寒冷的冬季，于是进化出长途跋涉的能力。秋季，当马利筋枯黄时，它们大批南下；春季，当马利筋逐渐复苏时，它们又重返北方。目前，随着气温由南向北升高，大批金斑蝶也追逐马利筋逐渐向北迁移。

每年的5月底－6月初，当黑脉金斑蝶从墨西哥迁飞回来时，它们会在长满马利筋的田野里停下来，它们对马利筋可谓是情有独钟，因为雌蝶要在这种植物幼嫩的植株上产卵。它们落在叶面上，用多节前腿确认是马利筋后，才将针头般大小的卵一个个地产在叶子下面，产完卵后不久便结束了它的一生。

3至10天后，微小的白色幼虫孵化而出。幼虫从头至尾有黄、白、黑斑纹相间分布。幼虫以马利筋为食，先将卵鞘（昆虫及软体动物等装卵的保

美国国蝶——黑脉金斑蝶

护囊）吃掉，然后切开叶脉，很快开始大量吮吸植物汁液。乳草植物黏稠的汁液味苦且极具毒性，但可以保护黑脉金斑蝶在发育阶段免于被捕食。鸟类如果咬食黑脉金斑蝶幼虫，便会产生呕吐，从此记住黑脉金斑蝶幼虫鲜艳的颜色，对其敬而远之。

黑脉金斑蝶幼虫仅在早期吮吸叶汁，是为了保证自身不会过量食毒。在经过四次蜕皮之后，幼虫化为蛹。1至3周后，蛹变得通体透明，里面的翅膀清晰可见。羽化成虫通常在早晨破蛹而出。

采蜜的黑脉金斑蝶

起初的样子有些怪，腹部肥大，翅膀皱折，身体紧悬于残蛹之上，待体液泵入翅膀，翅膀逐渐展开并硬朗起来，成虫就可以振翅高飞了。

9月，当马利筋的种子开始成熟时，黑脉金斑蝶向3000千米外的墨西哥中部山脉迁徙，在那里的杉树上安家落户后，然后进入冬眠。次年阳春3月，黑脉金斑蝶完成交配后，5月底6月初又开始往回飞，沿途一般有3至4代孵出。

长翅凤蝶

因鳞片含有大量的强心甾毒素，

非洲长翅毒凤蝶

可令燕、雀、蜥蜴避而远之；长翅大凤蝶是非洲的代表凤蝶，它在翅形长度常超过20到23厘米，比大鸟翼蝶的雄蝶还长。成虫体内有剧毒，据说可毒死6只猫。

盗毒蛾

别名桑斑褐毒蛾、纹白毒蛾、桑毒蛾、黄尾毒蛾、桑毛虫。

初孵幼虫群集在桑叶背面取食叶肉，叶面现成块透明斑，三龄后分散为害形成大缺刻，仅剩叶脉。为害桑树春芽时，多由外层向内剥食，致冬芽枯凋，影响春蚕饲养。该虫毒毛触及蚕体致蚕中毒，诱发黑斑病。人体接触毒毛，常引发皮炎，有的造成淋巴发炎。

成虫雌体长18至20毫米，雄体长14至16毫米，翅展30至40毫米。触角干白色，栉齿棕黄色；下唇须白色，外侧黑褐色；

盗毒蛾

头、胸、腹部基半部和足白色微带黄色，腹部其余部分和脏毛簇黄色；前、后翅白色，前翅后缘有两个褐色斑，有的个体内侧褐色斑不明显；前、后翅反面白色，前翅前缘黑褐色。

桑毛虫

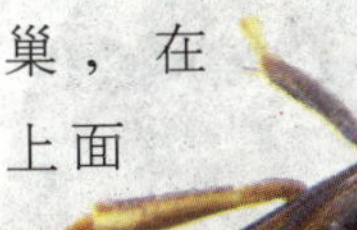

马 蜂

马蜂学名胡蜂，俗称马蜂、黄蜂，体表多数光滑，具各色花斑。上颚发达。咀嚼式口器。触角膝状。大大的复眼。翅狭长，静止时纵褶在一起。腹部不收缩呈腹柄状。马蜂有简单的社会组织，有蜂后、雄蜂和工蜂，常常营造一个纸质的吊钟形的或者层状的蜂巢，在上面集体生活。马蜂的成虫主要捕食鳞翅目的小虫，因此，也是一类重要的天敌昆虫。

马蜂

马蜂毒性很大，其蜇针的毒液含有磷脂酶、透明质酸酶和一种被称为抗原5的蛋白，被马蜂蜇伤后应及时处理。

处理原则如下

1.马蜂毒呈弱碱性，可用食醋或1%醋酸或无极膏擦洗伤处。

2.伤口残留的毒刺可用针或镊子挑出，但不要挤压，以免剩余的毒素进入体内，然后再拔火罐吸出毒汁，减少毒素的吸收。

3.用冰块敷在蜇咬处，可以减轻疼痛和肿胀。如果疼痛剧烈可以服用一些止痛药物。

马蜂巢

4.如果有蔓延的趋势，可能有过敏反应，可以服用一些抗过敏药物，如，苯海拉民、扑而敏等抗过敏药物。

5.密切观察半小时左右，如果发现有呼吸困难、呼吸声音变粗、带有喘息声音，哪怕一点也要立即送最近的医院去急救。

马蜂作为一种益虫，以虫子为食，它一般只有在受到攻击的时候才蜇人，目前还没有一个好的防治马蜂的方法，平常采取的办法只有火烧、喷药剂灭杀。万一碰到马蜂，最好马上蹲下来，用衣服把头包好，这样可以临时预防。

马蜂巢

蜂巢中，过着分工明确的社会生活。这是攻击性极强的危险性蜂类，敢在分泌树液的树上追击独角仙。到了秋天，还常常袭击意大利蜜蜂的蜂巢，使其全军覆没。此虫毒性很强。

专家提醒：不小心惹得马蜂“发火”时，可以趴下不动，千万不要狂跑，以免马蜂群起追击。被马蜂蜇后伤口会立刻红肿，且感到火辣辣的。此时，应马上涂抹一些碱水，使酸碱中和，减弱毒性，亦可起到止痛的作用。如果当时有洋葱，洗净后切片在伤口上涂抹，此外还可用母乳、风油精、清凉油等去除蜂毒，但切记不可用红药水或碘酒搽抹，那样不但不能治疗，反而会加重肿胀！若遭遇蜂群攻击时应立即就医，不可掉以轻心。

金环胡蜂

体长竟达40毫米，是世界上最大的胡蜂。栖息在地下有足球大的圆形

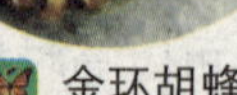
金环胡蜂

成群的金环胡蜂

蜜 蜂

昆虫纲膜翅目蜜蜂总科的通称。有产蜜价值并广泛饲养的主要是西方蜜蜂和中华蜜蜂（或称东方蜜蜂）。有前胸背板不达翅基片，体被分枝或羽状毛，后足常特化为采集花粉的构造的蜂类。成虫体被绒毛，足或腹部具由长毛组成的采集花粉器官。口器嚼吸式，是昆虫中独有的特征。全变态。全世界已知约1.5万种，中国已知约1000种。蜜蜂尾部有刺，在攻击时把刺

蜜蜂在蜂巢辛勤工作

刺入对方身体，把毒液和刺都留到对方身体里。蜜蜂在蜇人和其他动物后，会很快死去。

蜜蜂与某些种的黄蜂近缘，两者在生物学上主要的差别是蜜蜂(除了寄生的蜜蜂外)以一种花粉与花蜜的混合物喂养幼蜂，而黄蜂则以动物性食物或以昆虫和蜘蛛来喂养幼蜂。除了对食物偏好的差异外，还有一些结构的差异，最基本的不同是黄蜂覆盖着无分支的毛发，而蜜蜂至少有一些分支或羽毛状的毛发，花粉通常黏附其上。

蜜蜂完全以花为食，包括花粉及花蜜，后者有时调制储存成蜂蜜。毫无疑问的是蜜蜂在采花粉时亦同时对它授粉，当蜜蜂在花间采花粉时，会掉落一些花粉到花上。这些掉落的花粉关系重大，因它常造成植物的异花传粉。蜜蜂身为传粉者的实际价值比 其制造蜂蜜和蜂蜡的价值更大。

雄蜂通常寿命不长，不采花粉，亦不负责喂养幼蜂。雌蜂负责所有筑巢及贮存食物的工作，而且通常有特殊的结构组织以便于携带花粉。大部分蜜蜂采多种花的花粉，不过，有些蜂只采某些科的花的花粉，有的只采某种颜色花的花粉，还有一些蜂只采一些有亲缘关系的花之花粉。蜜蜂的口部是花粉采集和携带的器具，似乎能适应各种不同种类的花。

蜜蜂总科(Apoidea)的大部分蜜蜂是独栖或非社会性的，如它们不住在一起，每一雌蜂造自己的巢(通常在地底洞穴)及贮存粮食，这种蜜蜂没有阶级之分。一些独栖的蜜蜂在巢口筑烟囱或角塔，也有一些在树上或细枝、竹子里筑巢。大部分独栖成蜂的寿命均不长。有些种的成蜂一年里飞行的时间只有数周，而其余的时间则是以卵、幼体、蛹及幼蜂的形态留在巢室中。

蜂王在巢室内产卵，幼虫在巢室中生活，营社会

采蜜的蜜蜂

性生活的幼虫由工蜂喂食，营独栖性生活的幼虫取食雌蜂储存于巢室内的蜂粮，待蜂粮吃尽，幼虫成熟化蛹，羽化时破茧而出。家养蜜蜂一年繁育若干代，野生蜜蜂一年繁育1到3代不等。以老熟幼虫、蛹或成虫越冬。一般雄性出现比雌性早，寿命短，不承担筑巢、贮存蜂粮和抚育后代的任务。雌蜂营巢、采集花粉和花蜜，并贮存于巢室内，寿命比雄性长。

蜜蜂

蜜蜂以植物的花粉和花蜜为食。食性可分为3类：①多食性，即在不同科的植物上或从一定颜色的花上(不限植物种类)采食花粉和花蜜，如，意蜂和中蜂。②寡食性，即自近缘科、属的植物花上采食，如苜蓿准蜂。③单食性，即仅自某一种植物或近缘种上采食，如矢车菊花地蜂。

蜜蜂

蜜蜂各种类采访的花朵与口器的长短有密切关系：例如，隧蜂科、地蜂科、分舌蜂科等口器较短的种类采访蔷薇科、十字花科、伞形科、毛茛科开放的花朵；而切叶蜂科、条蜂科和蜜蜂科的种类由于口器较长，则采豆科、唇形科等具深花管的花朵。

黄星长脚胡蜂

雌蜂体长15毫米左右，黑色。触角赤褐色，第二鞭节以下背面黑色。颊、后头、颜面下部赤褐色。唇基心脏形，黄褐色。前胸及其后缘1横线、肩板下方1纹、后胸背板上2纹、并胸腹节上2纹(此2纹常消失)均黄褐色。前胸背板前半部、肩板、小盾片、翅及足赤褐色。足基节、转节、腿节下面及跗节侧面具2黄纹。胸部有刻点散布，中胸侧板缝合

黄星长脚胡蜂

线、2板区划、并胸腹节具多数横皱。前翅静止时纵叠。尾部有毒刺，毒性较强。

虎头蜂

虎头蜂这个名字，只是民间的俗称，并不是正式的学名，在昆虫中应属胡蜂类，因为它的头大的像老虎，性情也凶猛像老虎，身体长有虎斑纹，所以人们就叫它们“虎头蜂”；又因为虎头蜂窝巢形状很大像鸡笼一样，所以又叫“鸡笼蜂”。

虎头蜂栖息处不在高山，而是在平地至大约1500米以下的山区，有的筑巢在树枝上，有的筑巢在地窟内，小的巢中有数千只虎头蜂，大的巢中多达数万只蜂；每年在四五月间开始产卵，六七月间形成成蜂，十月以后向外觅食，遇到食物缺乏时，同类中也会发生以大欺小，以强凌弱的现象，冬季遇到寒流过境以后，虎头蜂就都不见了。虎头蜂的巢大多筑在树上或土中，形状像皮球般，它们将树皮咬碎混合唾液筑巢，虎头蜂(wasp)由于在秋天的时候，为了准备冬眠所需要的食物，常在秋天大举出动，而容易误伤人类。虎头蜂本身不会主动攻击，所以避免虎头蜂叮咬攻击，要注意下列原则：

虎头蜂

第一个原则，就是远离不要主动攻击虎头蜂，这样就不会遭到攻击。

第二个原则，郊游不要穿颜色鲜艳的衣服。虎头蜂喜欢那些颜色鲜明且具有芳香味的花卉植物，所以夏末秋初我们到山上去玩不要穿颜色鲜艳的衣服；否则常常会吸引虎头蜂到我们身体周围；很容易遭到它的攻击，所以上山尽量穿上颜色灰暗的衣服。

飞翔的虎头蜂

第三个原则，不可以擦香水。使用含有芳香味的洗发精或除汗剂，可别上山，也不要擦有防体臭的香水，这样就可避免虎头蜂的攻击。

第四个原则，尽量穿长袖长裤上山，可以保护身体，尽量不要穿短裙短裤，应该戴帽子，以避免虎头蜂攻击，帽子有时候也可以避免洗发精的芳香味道吸引虎头蜂，所以上山前要特别注意。

虎头蜂的毒性可以区分为两种

第一种是蜂毒，受虎头蜂200次以上的叮咬，才会使一个人有生命危险，针对叮咬，最好的治疗方法就是用冰敷，解决大部分的疼痛。另外虎头蜂的刺不可这样即可直接往后拉，如此会使毒液更进一步的注入身体，引起更大的伤害。

另外一种是虎头蜂蛋白质，会引起身体的过敏反应而造成血压下降休克，危急生命，一般而言过敏体质的人比较容易过敏而休克，所以在国外某些医师甚至建议，过敏体质的人上山前，随身携带肾上腺皮质和抗过敏抗消炎的药物或类固醇，一旦被叮可以马上注射以救命。因此大家能注意到这几点，就可以避免虎头蜂的攻击，使伤害降到最低。

杀人蜂

在南美洲，有一种令人们闻之色变的“杀人蜂”。据不完全统计，在短短的几十年里，已经有几百人被这种毒性极强、凶猛异常的蜂活活地蜇死。至于在这种蜂的攻击下，死于非命的猫狗和其他家畜，更是不计其数。

所谓的杀人蜂是介于非洲蜜蜂和欧洲蜜蜂亚种之间的一个杂交种。此种非洲化的蜜蜂亚种于1957年在巴西培育一种适应热带气候且多产的杂交蜂时，意外逃出北飞，一年能飞约320至480千米，20世纪80年代飞至墨西哥，1990年飞抵德克萨斯州。如今广布美国西南大部分地区，包括加利福尼亚州南部、内华达州南部，以及亚利桑那州全境。

采蜜的虎头蜂

杀人蜂

选择，那些富有进攻性的群蜂得以保存下来，繁殖后代。它们成群结队，来势凶猛，许多动物见了，闻风而逃，就连狮子也无法对付它们。

蜜蜂研究专家奥利·泰勒教授对杀人蜂进行了多年研究后发现，蜂王是蜂群行动的指挥者，一旦发现活动中的生物，就“命令”进攻，穷追不舍，一追就是几千米。

有趣的是，当蜂王分泌出一种叫弗罗蒙的物质，群蜂一闻到这种气味，顿时变得温顺起来，就会停止战斗。现在，这种物质已经能够人工合成了。泰勒将弗罗蒙物质和一只蜂王放到自己下颌长胡子上，手捧着蜂箱，杀人蜂爬满了他的脸庞，也都乖乖地不再刺蜇人了。

此外，在佛罗里达州已发现一群数量逐渐增多的非洲化蜜蜂。它们已造成数百人死亡。这种非洲化蜜蜂的体型较欧洲种小，对植物的传粉作用也不大。虽然毒性不强，但对栖地受到威胁反应快，采取群攻，穷追不舍的时间较长，距离更远，需时甚久才能平息。

杀人蜂为什么这么好斗呢？科学家认为，杀人蜂生活在非洲，那里的天敌很多，如果不主动发起进攻，就会被其他动物消灭。在艰难的生涯中，经过自然

养蜂人身披50万只杀人蜂

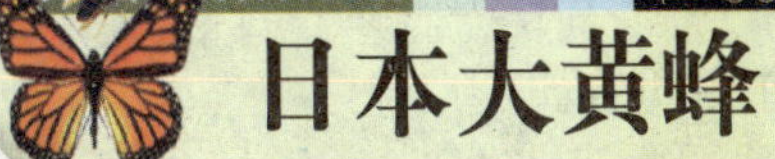

日本大黄蜂

它只有人的大拇指那么大，但它们的针刺巨长，达到6.35毫米，排出的毒液是一种腐蚀力极强的酶，能够分解人体组织。要是那些毒液射到人的眼睛里，严重会导致人失明。这种毒液还会引来附近其他的毒蜂，它们会追着叮，直到被攻击者死掉。素有“来自地狱的大黄蜂”之称。每年日本大概有40人死于毒蜂针下，死状都很惨。

子弹蚁

说到真正有毒的昆虫，蚂蚁首当其冲。蚂蚁是黄蜂的后代，尽管在进化过程中，大多数蚂蚁失去了翅膀，但有些蚂蚁却在它们的腹部藏下了可怕的武器。有一种巨型蚂蚁体长大约3厘米，叫做子弹蚁，它们会分泌一种毒素，于是昆虫，甚至小型的蛙类都是它们捕食的对象。由于进食习惯等原因，这种生活在拉美森林中的蚂蚁总是单独觅食。

子弹蚁可以以小型蛙类为食，但它们的克星却是体型小得可怜的驼背蝇。当子弹蚁挥舞着大钳子招摇过市时，只要碰到驼背蝇它们就会直接面临死亡的威胁，即使身上带有剧毒也束手无策：因为微小的驼背蝇有一种专门对付子弹蚁的解毒药，而子弹蚁的钳子太大太重，根本不能给对手造成任何威胁。最后，这些苍蝇达成了目标：它们把卵产在这个庞然大物的身上。子弹蚁的体型要比它们大上100倍。它们的蛆虫注定可以大吃一顿了。

子弹蚁

让子弹蚁咬你一口，你不会死，但你一辈子也不会忘记。子弹蚁也正是由此得名，它的叮咬给人以子弹穿过般的剧烈疼痛。这是世界上已知最疼的叮咬。在施密特叮咬疼痛指数中，子弹蚁被描述为“带给人一浪高过一浪的炙烤、抽搐和令人忘记一切的痛楚，这一煎熬可以持续24小时而不会有任何减弱。”

子弹蚁

子弹蚁分布在亚马逊盆地的雨林中，而且样子和黄蜂的祖先相似，百万年来都没有什么改变。和它们的祖先一样，子弹蚁咬人是在所有昆虫里最痛的，如果不幸被咬到，必须承受24小时的剧痛。

翘尾蚁

翘尾蚁

在我国华南一带的阔叶林中，还有一种翘尾蚁，顾名思义，就是它那带有螯针的尾端常翘起来，像是跃跃欲试，随时准备进攻的样子。

它有种怪脾气，经常与树打交道。它喜欢用叼来的腐质物，以及从树上啃下来的老树皮，再掺杂上从嘴里吐出来的黏性汁液，在树上筑成足球大的巢，巢内分成许多层次，分别住着雄蚁、蚁后和工蚁，并在巢中生儿育女，成为一个“独立王国”。

开始时一树一巢，当群体过大，而且又有新的蚁后出生时，新蚁后便带领部分工蚁另造新居。为了争夺领域，经常展开一场恶斗。为了在树上捕捉其他小虫为食，它可用细长而有力的足在树冠的枝叶上奔跑。如两树相距较近，为免去长途奔波之劳，它们能巧妙地互相咬住后足，垂吊下来，借风飘荡，摇到另一棵树上去，搭成一条“蚁索桥”。为了能较长久地连接两树之间的通途，承担搭桥任务的工蚁还能不断替换。树上的食物捕尽，又结队顺树而下，长途奔袭，捕捉地面上的小动物。猎物一旦被擒获，翘尾蚁便会用螯针注入麻醉液，使猎物处于昏迷状态，然后拉的拉，拽的拽，即使是一只超过它们体重百倍的螳螂或蚯蚓等大型昆虫，也能被它们轻而易举地拖回巢中。

蚊子

蚊子属四害之一。其平均寿命不长，雌性为3至100天，雄性为10至20天。

蚊子有雌雄之分，雄蚊触角呈丝状，触角毛一般比雌蚊浓密。它们的食物都是花蜜和植物汁液。雌蚊需要叮咬动物以吸食血液来促进内卵的成熟。

蚊子的唾液中有一种具有舒张血管和抗凝血作用的物质，它使血液更容易汇流到被叮咬处。蚊子唾液中的物质，让被叮咬者的皮肤出现起包和发痒症状。

蚊子每次叮咬吸吮大约五千分之一毫升的鲜血，每次饱餐一顿之后，蚊子

蚊子

通常是在出生地2千米范围内活动，不过最远活动距离可达180千米。

每只雌蚊子一次生产卵总数约为1000到3000个，它们一般把卵子产于水面，两天后孵化成为水生的幼虫——孑孓。孑孓以水中的藻类为食，它们经历4次脱皮后才成长为蛹，漂浮在水面上，最终蛹表皮破裂，幼蚊诞生。

蚊子的生活史包括卵、幼虫、蛹、成虫4部分，一般卵1至2天，幼虫期5至7天，蛹2至3天，成虫羽化至吸血产卵3至7天，整个世代1至2周左右。

蝽

蝽科昆虫的总称，半翅目的一科。旧称蝽象。此

菜蝽

巨红蝽

类昆虫有臭腺孔，能分泌臭液，在空气中挥发成臭气，所以又有放屁虫、臭板虫、臭大姐等俗名。中国已知约500种。

异翅目(Heteroptera)蝽科(Pentatomidae)约5000种昆虫的统称，英文名称取自它们分泌的一种恶臭液体。凡是它沾过的植物、水果或叶上都会留下这种臭味，闻之令人作呕。

当它们栖息在树皮或叶上时，这些昆虫多会伪装它们的颜色(棕、绿或金属色)和形状(椭圆、宽或稍微有点凸)，融入其中。头和前胸构成一个尖端向前的三角形。有些种类(盾蝽科背上的这种三角形(小盾板)区很大，形成一个突出的盾牌状，遮住整个腹部。

黄角蝽(Oncomeris flavicornis)例外，分布于全世界。长5厘米以上，颜色鲜艳，有红、蓝、黑或橙等色。有的种雌雄异形。

在凉爽地带以成虫越冬；在温暖地区则在冬季不甚活跃。雌虫产百来个卵，卵桶状、色艳的连成排或成串。有的雌虫会守候在卵或初孵幼虫旁。

有些种如东方的荔蝽(T.papillosa)有发音器，受惊时发出嘈杂的声音。荔蝽还能把臭液喷出15至30厘米远。

蝽以植物为食，可使果实变色或生斑；

蝽

有的吃其他昆虫。最重要的一种害虫是卷心菜斑色蝽(Murgantia histrionica)。稻绿蝽(Nezara viridula)分布于全世界，为害豆类、浆果类、番茄，以及其他蔬果。北美的稻蝽(Oebalus pugneax)可造成水稻严重损失。

蝽科昆虫之间差异很大，有的学者把它分成不同的科。盾蝽科长8至10毫米，胸部盾形，几乎遮住整个腹部，如中东和中亚的谷物害虫扁盾蝽(扁盾蝽属)。

防治方法包括使用杀虫剂以及清除其过冬的地点和轮换的宿主。然而，蝽类并非全都是害虫。刺益蝽属(Podisus)捕食科罗拉多马铃薯甲虫的幼虫和其他植物害虫。中国的蓝蝽(Zicrona caerulea)捕食甲虫成虫和幼虫。墨西哥、非洲和印度的某些地区还有人以蝽为食物。

斑蝥

斑蝥，别名“斑猫”“龙蚝”“地胆”，属鞘翅目芫青科斑蝥属，是最毒的甲虫。全世界约有斑蝥2300多种，我国则有29种。斑蝥全身披黑色绒毛，翅细长椭圆形，质地柔软，体长为11至30毫米，翅基部有两个大黄斑，中央前后各有一黄色波纹状横带，足具有黑色长绒毛，为害大豆、花生、茄子等作物。

斑蝥多群集取食，成群迁飞。当它遭到惊动时，为了自卫，便从足的关节处分泌出黄色毒液。此黄色毒液内含有强烈的斑蝥素，其毒性甚强，能破坏高等动物的细胞组织，与人体接触后，能引起皮肤红肿发泡。

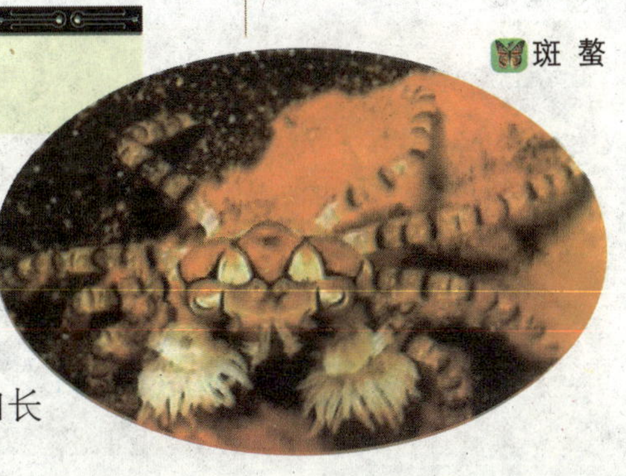
斑蝥

多足类动物

马陆

马陆属于节肢动物门倍足纲(Diplopoda)，由于其腹部着生为数众多之足，故又称之为千足虫（thousand leggers）。马陆的身体由头部及躯干部所组成，呈长圆环形或扁背形，体长1.5到12厘米不等。体色因种类的不同而异，有红褐色、黑色、橘黄色、淡黄色或黑色具有浅色斑等。马陆的头部具一对短的触角，大颚小颚各一对，小颚常愈合为一板状的小颚板。胸部四节，后三节各具一对足。腹部有9至100节或更多。马陆的每腹节上具有两对足，因其肢体较短，仅能以足作推进行走而无法快速运动。每一腹节上除具两对步足外亦有两对气孔、两个神经节及两对心孔。马陆的生殖腺开口于第三体节之腹面中央，体内受精，雄体以位于第七体节处的生殖脚传送精液入雌体。

马陆1

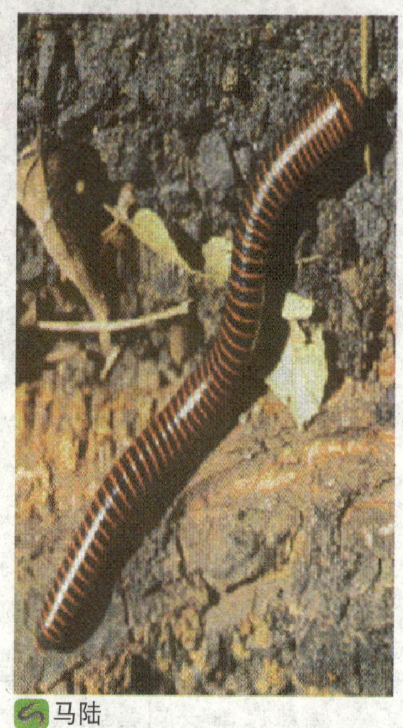
马陆

马陆多在土中筑巢产卵并以粪渣衬里，卵呈白色。对于多数种类，卵孵化后的初龄幼虫具三对足，经2到3周时，变成具有7个体节的小马陆。幼虫通常脱皮7至10次，足及体节的数目随每次脱皮而增加。然而脱皮次数、足及体节的数目随种类的不同而有所差异。许多种类的幼虫期约一年，而其他种类则可持续达4或5年。个体生长达性成熟时，即停止脱皮。马陆之越冬常发生在住家地基附近的土壤中或靠近树干基部的覆盖物下。偶而侵入住家的情形可能与天气干燥或寻找潮湿的越冬场所有关。

马陆通常栖息于室外的石头、朽木、腐菜、稻草堆、柴堆下及其他潮湿阴暗之隐蔽处。马陆不是捕食性的动物，大多数种类为草食性，取食柔嫩的根部与绿叶；有些则属于食腐性动物，取食潮湿腐烂的植物或动物尸体，然而并未发现对农作物会有明显的危害。当马陆受到惊扰或碰触时，其长形的身躯即卷曲成似同心圆环状。马陆并不会主动攻击人畜，亦不具毒腺。但某些种类却具有防御腺或黏液腺，它的分泌物对某些动物属有毒物质，具有防御敌害的作用。此类刺激性的混合物，具有腐蚀性，若触及皮肤会造成刺激肿胀，引起水泡性皮肤炎；眼睛或口的接触可能造成严重发炎，因此，最好不要直接用手碰触，以防万一。

少棘蜈蚣、中国红头蜈蚣

分布在中国和日本的品种，体型因地区差异巨大，分布在日本冲绳地区的个体可以达到20厘米。

北美巨人蜈蚣

北美巨人蜈蚣

北美洲最大品种，不仅体型比较巨大，而且性情凶猛，“凶恶万千”，加上观赏性较高，是爱好者中人气很高的品种。

中国红巨龙蜈蚣

中国南部亚热带、热带地区广泛分布的蜈蚣品种，因为全身深红色，此蜈蚣在古籍中又名“天龙”，加之体型壮硕，故名“红巨龙”，颇有中国特色。部分靠近大陆的热带岛屿上的个体可以达到20厘米。

中国红巨龙蜈蚣

哈氏蜈蚣

广泛分布于太平洋西部诸多国家和地区的蜈蚣品种，因为分布地区靠近热带，所以体型较大。所罗门群岛地区的个体身长可超过20厘米。

哈氏蜈蚣

秘鲁巨人蜈蚣

秘鲁巨人蜈蚣

秘鲁巨人蜈蚣最长达41至42厘米。分布在加勒比海中的特利尼达岛，南美洲的秘鲁、厄瓜多尔、巴西等亚马逊河流域国家及地区。在加拉帕格斯巨人蜈蚣之前，秘鲁巨人蜈蚣普遍认为的世界最大品种，分为黄脚形和橘脚形。

亚马逊巨人蜈蚣

分布在巴西、厄瓜多尔、秘鲁等亚马逊河流域国家及地区。体色一般为红色，至于黑色个体，一种说法是个体差异导致的颜色改变，另一个说法是黑色个体实际就是加拉帕格斯巨人蜈蚣。

亚马逊巨人蜈蚣

加拉帕格斯巨人蜈蚣

加拉帕格斯巨人蜈蚣

身长30至40厘米，最大44至46厘米。分布地：加拉帕格斯群岛中的圣克鲁斯岛、厄瓜多尔沿海地区、秘鲁南部、库克群岛。体色纯黑的巨人，蜈蚣中的霸王。

波多黎各巨人蜈蚣

分布在加勒比海波多黎各、海地等国家及地区的品种。

马来西亚巨人蜈蚣

分布在马来西亚的Scolopendra subspinipe的地区性亚种之一。

越南巨人蜈蚣

亚洲最大的蜈蚣品种之一，主要分布于越南境内。

马来西亚巨人蜈蚣

海洋有毒动物

石头鱼

石头鱼学名瑰玫毒鲉；别名老虎鱼、石头鱼。

貌不惊人，身长只有30厘米左右，躲在海底或岩礁下，将自己伪装成一块不起眼的石头，即使人站在它的身旁，它也一动不动，让人发现不了。石头鱼属于鲉科，身体厚圆而且有很多瘤状突起，好像蟾蜍的皮肤。体色随环境不同而复杂多变，像变色龙一样通过伪装来蒙蔽敌人，从而使自己得以生存。通常以土黄色和橘黄色为主。它的眼睛很特别，长在背部而且特别小，眼下方有一深凹。常栖于海中的岩壁上，活像一块不起眼的石头。它的捕食方法很有趣，经常以守株待兔的方式等待食物的到来。

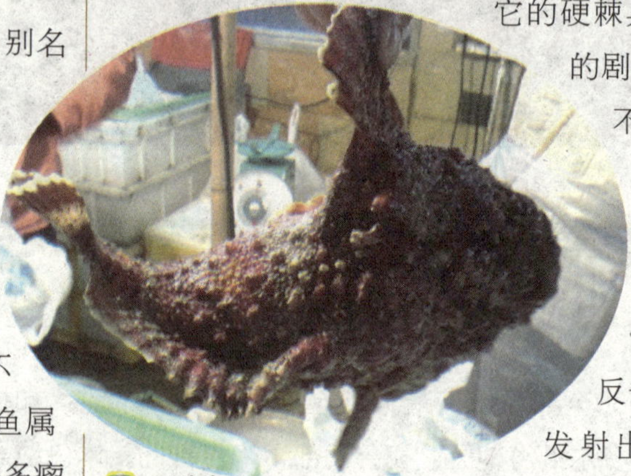

石头鱼

它的硬棘具有致命的剧毒，如果不留意踩到它，它就会毫不客气地立刻反击，向外发射出致命剧毒。它的脊背上那12至14根像针一样锐利的背刺会轻而易举地穿透鞋底刺入脚掌，使人很快中毒，并一直处于剧烈的疼痛中，直到死亡。

盛产于江南一带，全部是天然的，无人工养殖，一年四季都有，春夏两季最肥，入冬后鱼味更鲜。

石头鱼虽然丑陋，但却肉质鲜嫩，脂肪肥厚但油而不腻，没有细刺，营养价值很高，可煮汤、清蒸或干烧、粉蒸。

石头鱼能生津、润肺，还能起到美容的作用。

非常隐蔽的石头鱼

蓝环章鱼

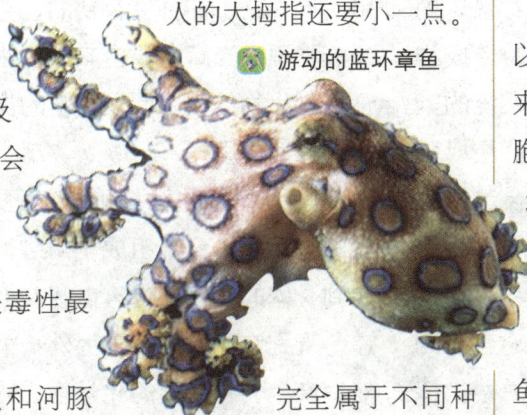

蓝环章鱼是一种很小的章鱼品种，臂跨不超过15厘米，头部比人的大拇指还要小一点。可以饲喂小鱼、蟹、虾及甲壳类动物，会用很强的毒素（河豚毒素）麻痹猎物。是毒性最强的章鱼。

游动的蓝环章鱼

蓝环章鱼和河豚完全属于不同种类，但皆可产生河豚毒素。蓝环章鱼毒性非常强，被咬一口即可致命，海钓者需要小心。

河豚毒素对中枢神经和神经末梢有麻痹作用，其毒性较氰化钠大1000倍，0.5毫克即可致人中毒死亡。河豚毒素毒性稳定，加热和盐腌均不能使其破坏。

分布于澳大利亚、新几内亚、印度尼西亚及菲律宾海域。还有一种说法是从日本到澳大利亚的海域内都有分布。

可见于0至20米水深，又或是涨潮时形成的小水池中。

一种本来与我们毫不相干的东西，由于几年前被潜水爱好者在香港水域拍摄到其行踪，突然发现原来危险离我们是如此之近！它尖锐的嘴能够穿透潜水员的潜水衣，同时喷出的剧毒墨汁，足以使一个成年人在几分钟内毙命。

蓝环章鱼属于剧毒生物，被列为“全球十大最毒动物”之一，排在第三，体内的毒素足以让26个成年人在半小时内全部死亡！但这种章鱼不会主动攻击人类，除非它们受到很大的威胁。

蓝环章鱼的毒性可以由它自身的颜色显示出来。它的皮肤含有颜色细胞，可以随意改变颜色，通过收缩或伸展，改变不同颜色细胞的大小，蓝环章鱼的整个模样就会改变。因此当蓝环章鱼在不同的环境中移动时，它可以使用与环境色相同的保护色。如果它受到威胁，它们身上的蓝色环就会闪烁，蓝环章鱼因此得名。这些蓝色环上的细胞密布着反射光形成的灿烂而有颜色的水晶。蓝环章鱼利用这些独一无二的环对其他生物发出警告：自己拥有致命武器。

蓝环章鱼

蓝环章鱼的毒素是一种毒性很强的神经毒素，它对具有神经系统的生物是非常致命的，其中包括我们人类。当生物被章鱼攻击后，毒素在被攻击对象体内干扰其自身的神经系统，造成神经系统紊乱，这种神经系统的紊乱往往是致命的。在毒素注射到生物体内时，有毒分子会迅速扩散，毒素会破坏生物体的生命系统，每一个有毒分子都在寻找生物体内的神经细胞之间的连接的地方，在那里，它们会拦截指挥肢体运动的特定化学物质传递信息，神经系统由此被破坏，被攻击对象的整个神经系统瘫痪，虽然还活着，却已经无力反抗，任由蓝环章鱼摆布。在人体内，蓝环章鱼的毒素侵害着所有受人脑支配的肌肉，被攻击的人虽然神志清醒，却不能交流，不能呼吸。如果不做人工呼吸的话，他会渐渐窒息。

蓝环章鱼的毒素存在于它的唾液腺中，然而，它的毒素不是由其自身分泌的，而是由存在于唾液腺中的病毒粒子引起的。病毒粒子在自然界中是不能独立存活的，它寄生在章鱼的唾液腺里，当章鱼攻击其他生物时，病毒粒子进入到生物体内，而发挥它的作用机制，发挥它的毒性作用。

蓝环章鱼的神经细胞已经分化——它们就像电话线一样，组成了网络，将信息迅速传递到身体的任何部位，电脉冲沿着神经细胞传递，直到它们到达了与另外一个细胞的接点。然后产生一种特定的化学物质，跳过两个细胞间的空隙，在另一边的细胞接受了这种化学物质，并产生了携带住处的新电脉冲。发生在这些接点的过程对于大脑反馈信息传递给肌肉是非常重要的。

澳洲灯水母

世界上最毒的生物之一，十大毒王排行榜

毒性极强的蓝环章鱼

澳洲灯水母

第一位。

如果你在海中游泳时不幸被灯水母的“武器”（触角）缠住，就如同被几十条烧红的鞭子同时抽打一般，让你在极其疼痛中，饱受恶心、呕吐、呼吸困难的摧残，然后很快毙命。

虽然人类必须被至少10米长的触角缠住，才会被注射能致命的毒液量，可一只灯水母就有60只触角，而且每只触角长达9米，其刺丝囊满满地排列在上面，所以人类在海里一旦被它的触角粘上，通常是必死无疑。不过，灯水母的刺丝囊只有在接触到人类皮肤表面或覆有鳞片的皮肤时才会因化学作用起反应，因此想保住性命，就得在你的皮肤与灯水母之间放置障碍物。于是，足智多谋的澳洲海岸巡逻队员在巡逻海滩时会在手脚上穿戴女式长筒丝袜。

澳洲方水母

方水母(又称箱水母)，生活在澳大利亚沿海，人若触及其触手，30秒钟后便会死亡。

方水母亦属毒物，其之所以获此怪名，是因为外形微圆，像一只方形的针。方水母中最毒的那种称之为“海胡蜂”，它能置人于死地。这些个儿不大(直径不到20厘米)、半透明的家伙，接触它非常危险；它毒性大，在水中难以发现，游速极快(超过4千米／小时)。方水母生活在热带海域，多在澳大利亚海湾浅水带，在风平浪静的时候游向海滨浴场。在炎热天气中，它们潜入深水处，只是在早晨和傍晚时才上浮到水面。若有人碰到方水母身上的微

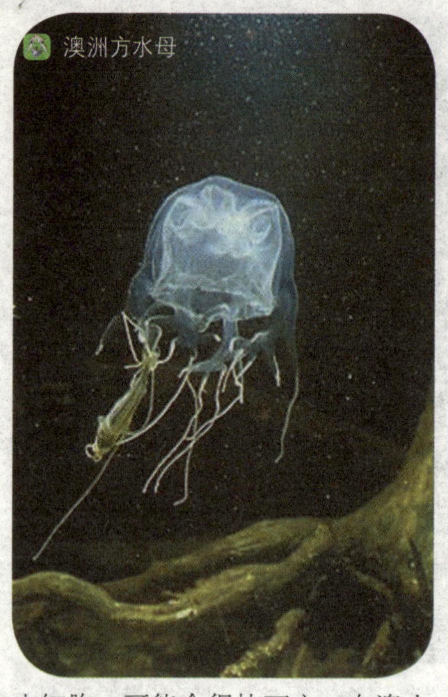

小细胞，可能会很快死亡。在澳大利亚昆士兰州沿海，25年来因方水母中毒而身亡的人数约有60人，与此同时死于鲨鱼之腹的只有13人。

一些水母的生长，像海月水母，需经过4个不同的阶段，laval阶段、polyp阶段、ephytrae阶段和medusa阶段。雄性水母释放精液在水中，雌性水母利用口腔臂和触手获取精液，孕育蛋。成年的雌性水母产蛋后，利用皱褶将蛋附在嘴的周围，当蛋成为圆平的幼虫后，被母亲释放到水中。小幼虫被水流载着移动，一旦碰到坚硬的物体，像石头、贝类，小家伙就紧紧依附在上面。等长到polyp阶段，就有点像海葵了，这个阶段约持续几个月，但它也可持续几年，并进行无性生殖。在这个阶段的后期，一个深的槽在身体中形成，一个polyp变成了无数独立个体。到了第三个阶段，它们分裂开来，各自游入水中。年轻的水母称做ephytrae，当口腔臂和触手发育完全后，便进入medusa期，这个阶段为2至6个月。

水母是食肉动物。说来你肯定不信，但它的确有些特异功能来获取食物。在它的触手和身体的各个部分有许多刺细胞，刺细胞除细胞质和细胞核外，还有一个刺丝囊。刺丝囊里面有感应绒毛，一个盖子，和一个刺丝囊胞。当其他生物碰到水母时，刺丝囊胞就向鱼叉一样飞出，钉向敌人，一切在不可思议的万分之一秒完成。当“箭”从刺丝囊中射出来的时候，同时有腐蚀性的毒液释放出来，像打麻药一样，小猎物便晕倒，束手待毙了。

见到被冲到海滩的水母，千万不要以为它已失去了“攻击型”，只要它是湿的，就没有丧失“蜇”的功能，后果小到皮肤红肿，大到致命！世界上最危险的水母是澳洲

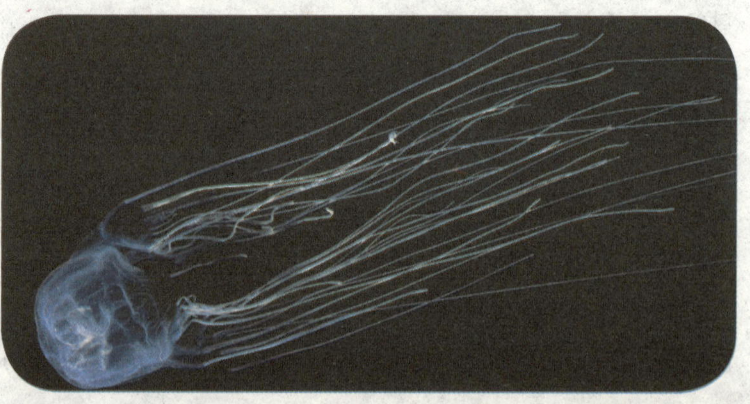
澳洲方水母

的box水母，它的毒性比眼镜蛇的毒（5分钟内杀死一个人）还厉害。虽然它这么可怕，一样有克星，海洋中的太阳鱼和海龟就是以水母为主食。另外，一些品种的水母以其他一些水母为食物。

水母中它也不是致命的，现在已经有血清可以治疗。但是这种方水母，永远是最危险的动物之一，人们在游泳时要时刻提防它。

僧帽水母

刺胞动物门(Cnidaria)水螅纲(Hydrozoa)僧帽水母属(Physalia)所有海产无脊椎动物的统称。以其漂浮习性和蜇人极痛著称。分布于全世界的暖洋，但最常见于北大西洋的墨西哥湾流，以及印度洋、太平洋的热带、亚热带区，有时数千只浮在海面。僧帽水母是唯一的广布种。蓝瓶僧帽水母见于太平洋和印度洋。僧帽水母体上部是一充气的囊状浮器，透明、粉红、蓝或紫色，长9至30厘米，宽15厘米以上。下面有成簇的水螅体，水螅体分3类：指状个员、生殖个员和营养个员，分管捕食、生殖和摄食。指状个员的触手可下垂达50厘米深，有刺丝囊可麻痹小鱼和其他猎物。然后营养个员包住麻痹的猎物，并加以消化。生殖习性尚不十分清楚。靠功能如帆的脊运动。蠵龟等动物食僧帽水母，有一种约8厘米长的双鳍鲳属小鱼军舰鱼，生活于僧帽水母的触手之间，几乎不会受刺细胞的伤害，并以水母的触手为食(触手能不断再生)，但有时也被水母所吃。僧帽水母蜇人极痛，能引起严重反应，如发热、休克和心肺功能障碍。

僧帽水母属于水螅虫纲僧帽水母科的一属，并非通常意义上的水母，水母是一种低等的腔肠动物，在分类学上隶属腔肠动物门、钵水母纲，而僧帽水母属于水螅虫纲，它的真身是水螅的集合体。僧帽水母在水面上漂浮的淡蓝色透明囊状浮囊体一般长6至30厘米，前端尖，后端钝圆，顶端耸起呈背峰状，形状颇似出家修行的和尚，即僧侣的帽子，故取名僧帽水母。它的英文名称更是有趣：Portuguese Man-

僧帽水母

of-War，翻译过来是“葡萄牙战舰”。它的浮囊上有发光的膜冠，能自行调整方向，借助风力在水面漂行。

形态特征

中型个体，浮囊体很大，两端稍尖似僧帽，其长度约100毫米。在浮盘体的下面悬垂着很多营养体，大小不同的指状体，长短不一的触手和树枝状的生殖体。生活时体呈美丽的蓝色。

生活习性

为暖水种，栖息于热带海洋中，营浮游生活，常被风吹到海边或随海流运动，以微小的生物及有机物为食。

分布于东海、南海；国外分布在日本海及其他太平洋热带海区。

被冲上海滩的“蓝瓶子”僧帽水母

实用价值

因其形态美丽，又较易采集，故常被作为动物教学的实验材料，但触手刺胞具有一定毒力，如不小心被其刺中，则会感到疼痛，在采集与固定标本时应十分注意。

危害

僧帽水母是海洋里最致命的杀手——在2000年被这种“水母”蜇伤的游泳者中，68%的人因此而死亡。另外32%的侥幸生还者也有相当一部分因此而致残，极少数幸运儿能够从这种“水母”的魔爪下全身而退，但是他们的伤处将永远烙上恐怖的印记。

僧帽水母的杀人武器是它的触手。实际上那些肉眼看不到的细小触手能够达到9米之长，所以很多游泳者在看到僧帽水母的时候再躲避已经迟了！僧帽水母中分泌致命毒素的是触手中微小的刺细胞，虽然单个刺细胞所分泌的毒素微不足道，但是成千上万的刺细胞所积累的毒素之烈度不输于当今世界上任何的毒蛇。

一旦被僧帽水母蜇伤，及时的抢救是求生的第一要务，因为僧帽水母所分泌的毒素属于神经毒素，随着时间的推移，毒素的作用逐渐加重，伤者除了遭受剧痛之外还会出现血压骤降，呼吸困难，神志逐渐丧失，全身休克，最后因肺循环衰竭而死亡。

一般来说受伤后应立即远离僧帽水母所在海域，尽早登船或上岸。然后依照以下步骤处理：

用干净毛巾或戴上手套除去皮肤上任何可见的触手，注意，切忌空手处理伤处，另外还要小心因处理不当而将刺细胞进一步压入皮肤。

用大量清水或盐水反复冲洗伤处，以确保附着的刺细胞完全脱离。

冷敷伤处以止痛。

如果眼部受伤，用大量温和的清水冲洗眼部至少15分钟，如冲洗后出现视力模糊或持续流泪、疼痛、肿大或怕光，应交给医生处理。

如果持续瘙痒或出现皮疹，使用1%氢化可地松药膏，1日4次。

如果有条件，将患处浸于醋中，有利于洗掉刺细胞。

尽快看医生。

个人因体质差异对毒素反应剧烈程度不同，过敏体质者尤为小心！

河豚

河豚

河豚鱼又名气泡鱼，别名也称鲀鱼、气泡鱼、辣头鱼，在江浙一带称小玉斑、大玉斑、乌狼等，在广东一带称乘鱼、鸡泡、龟鱼，而在河北附近则称腊头。学名：红鳍东方鲀、假睛东方鲀、暗纹东方鲀，属硬骨鱼纲，鲀形目，鲀亚目，鲀科，是暖水性海洋底栖鱼类，分布于北太平洋西部，在我国各大海区都有捕获，假睛东方豚还经常进入长江、黄河中下游一带水域，而暗纹东方豚亦可进入江河或定居于淡水湖中。一般于每年清明节前后从大海游至长江中下游。在我国，河豚鱼有30余种，常见的有黄鳍东方、虫纹东方、红鳍东方、暗纹东方等，其中以暗纹东方产量最大。一般体长70－500毫米，其中红鳍东方豚已见最大体长为750毫米。河豚鱼味道极为鲜美，与鲥鱼、刀鱼并称为“长江三鲜”。

河豚的身体短而肥厚。河豚生有毛发状的小刺。坚韧而厚实的河豚皮曾经被人用来制作头盔。河豚的上下颌的牙齿都是连接在一起

河豚标本

的，好像一块锋利的刀片。这使河豚能够轻易地咬碎硬珊瑚的外壳。河豚大都是热带海鱼，只有少数几种生活在淡水中。河豚一旦遭受威胁，就会吞下水或空气使身体膨胀成多刺的圆球，天敌很难下嘴。河豚游得很慢。这是因为大多数鱼通常在身体的后半部所具有游泳肌肉，河豚只好利用左右摇摆的背鳍和尾鳍划水。河豚的牙齿与刺豚的牙齿很相似。河豚的牙齿融合成一个喙。上下腭的牙齿用来咬碎软体动物和珊瑚。河豚将这些生物活的部分连同蟹、蠕虫和藤壶等海洋生物一起吞食。河豚鱼分布于世界各地，约有100多种。河豚鱼口小头圆，背部黑褐色，腹部白色，大的长达1米，重10千克左右，眼睛平时是蓝绿色，还可以随着光线的变化自动变色。身上的骨头不多，而且背鳍和腹鳍都很软，但长着两排利牙，能咬碎蛤蜊、牡蛎、海胆等带硬壳的食物。

河豚虽然有剧毒，但其肉鲜美柔嫩无比，人们常把河豚鱼片与日本绘画相提并论，它柔和细腻，回味无穷。

河豚鱼肉虽然鲜美，但处理不当或者贪食太多则会让人一命呜呼。河豚毒素为神经毒素，其毒性比氰化钾要高近千倍。在日本，每年都有一些人因误食河豚毒而死。

与蛇毒、蜂毒和其他毒素一样，河豚毒素也有其有益的一面。从河豚肝脏中分离的提取物对多种肿瘤有抑制作用。人们已经将海豚肝脏蒸馏液制成河豚酸注射液用于癌症临床及外科手术镇痛。

河豚毒素

几乎所有种类的河豚都含河豚毒素（TTX），它是一种神经毒素，人食入豚毒0.5至3毫克就能致死.毒素耐热，100℃以下8小时都不能被破坏，120℃以下1小时才能破坏，盐腌、日晒均不能破坏毒素。毒素主要存在于河豚的性腺、肝脏、脾脏、眼睛、皮肤、血液等部位，卵巢和肝脏有剧毒，其次为肾脏、血液、眼睛、鳃和皮肤，精巢和肉多为弱毒或无毒。在熟制河豚时，一定要严格细心地除去河豚的内脏、眼睛，剔去鱼腮，剥去鱼皮，去净筋血，用清水反复洗净。河豚鱼肉质特别细嫩，味美，营养丰富。它的药用价值很高，从其肝脏、卵巢的毒素中，可提炼出河豚素、河豚酸、河豚巢素等名贵药材。

每年春季是河豚鱼的产卵季节，这时鱼的毒性最强，所以，春天是人食用河豚鱼中毒的高发季节。我国《水产品卫生管理办法》明确规定：“河豚鱼有剧毒，不得流入市场。捕获的有毒鱼类，如河豚鱼应拣出装箱，专门固定存放”，所以，河豚鱼还是不吃为好。仅有少数人是拼死吃河豚，但多数人是因不认识河豚鱼而不小心吃了引起中毒。

河豚毒素所在部分和季节上的变化：河豚毒素所在部位为鱼体内脏。其包括：生殖腺、肝脏、肠胃等部位，其含毒量的大小，又因不同养殖环境及季节上的变化而有差别，按长江河豚和人工养殖河豚的实例证明，各器官毒性比较如下：卵巢＞脾脏＞肝脏＞血筋＞眼睛＞鳃耙＞皮＞精巢＞肌肉。养殖河豚（2龄以上）其器官毒性比较与野生河豚一致，但含毒素量较低。

放在手掌上的河豚

生殖腺：就是卵巢及精巢。卵巢含剧毒，为河豚含毒量最大的强毒部分之一。精巢是微毒或无毒；卵巢与精巢为长圆形，位于腹腔后部，肛门附近。二者在生殖时期，易于辨别，睾丸为乳白色，卵巢为浅黄色；横断切面，精巢呈白乳糜状，而卵巢则呈颗粒状；但秋后因生殖期已过，卵巢与精巢皆呈萎缩，二者之间较难辨别。

肝脏：为一较大纵长的器官，位于腹腔的右侧，上接膨大的胃部，下部尖端达肛门附近，呈灰褐色，内侧具有一绿色的胆囊。肝脏为河豚剧毒部分，食河豚时宜特别注意在食前务必剖除干净，人工养殖的可以通过油煎后食用。

皮肤和血液：皮肤含毒量因河豚种类而异，河豚皮肤含毒量甚微或无毒。血液特别是两块所谓脊血块即脾脏含有剧毒。

肠胃：胃部甚大，能吸入水或空气，使其膨大，胃之下为肠，肠在腹腔内作二回折即达肛门，胃和肠也有毒，但毒性比卵巢及肝脏小得多。

肌肉：肌肉可视为无毒，所以只要挖去河豚的内脏，再剥去皮，洗得干净，是不会有毒的。但河豚死后，内脏的毒素溶在体液中，时间一久，可以渗入肌肉，不可不防。特别是制作鱼片，用2％－5％碱液浸洗，更加安全。

河豚的卵巢和肝脏为河豚内脏中第二大剧毒脏器，其含毒量的多少，常随季节的变化而有差异，每年2月～5月为卵巢发育期，毒性较强，到6月～7月后，产卵期已过，卵巢萎缩，毒性亦减弱。肝脏和卵巢相同，普遍亦为春季毒性较强。此外，不同种类，其含毒量也不一致，而且即使同一种，有时含毒也不一致，一般雌的比雄的毒性强。

科学家曾做过暗纹东方豚的毒性研究，取3龄（2冬龄）性成熟暗纹东方豚的卵巢、肌肉、精巢、肝脏，对小鼠进行毒性试验。若按毒力1000鼠单位（即MU）即相当于有毒的河豚脏器1克能使小白鼠1千克致死来推算，卵巢、肌肉、精巢的毒力分别小于：6.6MU、4.5MU、8.1MU。0.0005克河豚毒素足以使2斤重的小狗死亡，人食用后一旦中毒，毒性发作很快，且一般无法抢救。

河豚鱼浑身是宝，就是河豚毒素，在医疗临床上也具有广泛用途，可制成戒毒剂、麻醉剂、镇静剂等，还可用于癌症的介入治疗。

认识和鉴别河豚鱼

预防河豚鱼中毒，首先要认识到河豚鱼有毒，并能识别其形状，以防误食中毒。河豚鱼体形长、圆，头比较方、扁，有的有美丽的斑纹；有些则没有斑纹，而是一片黑色的鱼。又有形容河豚鱼外观呈菱形，眼睛内陷半露眼球，上下齿各有两个牙齿形似人牙。鳃小不明显，肚腹为黄白色，背腹有小白刺，鱼体光滑无鳞，呈黑黄色。

中毒症状与处理

河豚鱼中毒以神经系统症状为主。潜伏期很短，短至10到30分钟，长至3到6小时发病。发病急，来势凶猛。开始时手指、口唇、舌尖发麻或刺痛，然后恶心、呕吐、腹痛、腹泻、四肢麻木无力、身体摇摆、走路困难，严重者全身麻痹瘫痪、有语言障碍、呼吸困难、血压下降、昏迷，中毒严重者最后多死于呼吸衰竭。如果抢救不及时，中毒后最快的10分钟内死亡，最迟4到6小时死亡。有报告显示，日本人河豚鱼中毒病死率为61.5%。

狮子鱼

对于河豚鱼中毒目前尚无特效解毒剂，发生中毒以后应立即将病人送往医院抢救，尽快使毒物排出，并对症治疗。预防中毒的最有效方法是管理部门严查，禁止零售河豚鱼，如果发现，将河豚鱼集中妥善处理。

狮子鱼

鲉形目圆鳍科狮子鱼亚科鱼类的通称。约有13属150种，中国有1属4种。体长可达450毫米。体延长，前部亚圆筒形，后部渐侧扁狭小。头宽大平扁。吻宽钝。眼小，上侧位。口端位，上颌稍突出。鳃孔中大。体无鳞，皮松软，光滑或具颗粒状小棘。背鳍延长，连续或具一缺刻，鳍棘细弱，与鳍条相似；臀鳍延长；尾鳍平截或圆形，常与背鳍和臀鳍相连；胸鳍基宽大，向前伸达喉部；腹鳍胸位，愈合为一吸盘。主要分布于北太平洋、北大西洋及北极海，少数见于南极海。狮子鱼主食甲壳动物，也吃小鱼。中国数量较多的为细纹狮子鱼。

狮子鱼是近年来很流行的海洋观赏鱼类，它的胸鳍和背鳍长着长长的鳍条和刺棘，形状酷似古人穿的蓑衣，故又被人称为蓑鲉。这些鳍条和刺棘看起来就像是京剧演员背后插着的护旗，一幅威风凛凛的样子，在阳光下看起来非常亮丽而多彩。它们时常拖着宽大的胸鳍和长长的背鳍在海中悠闲地游弋，悠游自在，完全不惧怕水中的威胁。就像一只自由飞舞在珊瑚丛中的花蝴蝶。

狮子鱼因为外貌酷似火鸡也被叫做“火鸡鱼”，所以当有人提到火鸡鱼时，不要疑惑，他就是在说狮子鱼。狮子鱼胸鳍的鳍条一般是愈合不分离的，而也有一些种类的狮子鱼鳍条却一根根地分开，如烟火一样绽放，这种狮子鱼又被称为“火焰鱼”。狮子鱼与它的同类石狗公一样都具有剧毒的刺棘，但是与石狗公采用拟态伪装的生活方式完全不同，狮子鱼体色鲜艳，花枝招展，在海中时刻展示着它一身艳丽的舞裙，毫无顾忌。

美丽的狮子鱼

狮子鱼在海中可以如此悠然自得、目中无人，主要是因为它们背鳍、胸鳍和臀鳍上长长的鳍条，这些鳍条的基部都有毒腺，鳍条尖端还有毒针。一般情况下，这些鳍条都处于完全展开的状态，就像一个刺猬，让那些想对狮子鱼下手的掠食者们都无所适从。

当然，如此防御严密的狮子鱼也不是全然没有弱点，它的腹部就没有刺棘保护，而狮子鱼也深知这一点。所以当遇到危险或是在休息时，狮子鱼会用腹部的吸盘将自己贴在岩壁上寻求自保。

所有鲉科鱼类背鳍和胸鳍的鳍条上都有毒刺，它们的主要作用就是用来抵御来自同类或捕食者的威胁。可别小看这些毒刺，作为一只狮子鱼，这可是最引以为豪的致命武器。因为狮子鱼是一种浅水鱼类，多栖息于浅水区域，所以在浮潜时会经常见到它，它艳丽的外表很快就能吸引你的眼球，但是不要被这种色彩所迷惑，更不要轻易地触碰。在海洋中狮子鱼可是有名的“毒王”，它们的毒素会引起剧烈的疼痛、肿胀，有时候还会发生抽搐，最严重的情况还可能引起死亡（这种情况极其罕见，一般只可能发生在对毒素过敏的人身上）。

狮子鱼的蜇刺过程简单而有效。当你试图接近它时，它会向后退，这不是畏惧的表现，而是为进攻所做的准备，它的进攻一般在眨眼间就会发生，当毒刺蜇进人体组织时，位于毒刺根部的毒囊早已做好了准备，狮子鱼只要简单的一挤就能释放毒液，毒液通过毒刺造成的伤口注入人体组织内部。这也告诉我们，如果蜇刺得越重越深，毒液造成的伤害就越大。

狮子鱼是个机警的猎人及潜伏的掠食者，它们将自己身体的威力发挥到了极致，拥有强大的杀伤力。其中最显著的一个特点就是它们对胸鳍的运用。

狮子鱼的胸鳍在形状上有很大不同：有的像飞鸟的羽毛，有的像一根根长矛，有的则像柔软的叶片。但无论外观如何，它们每一种都极其艳丽、华美且多变。当它们捕食的时候，会用胸鳍完成很多动作。它先柔和地前后摇动胸鳍，就像西班牙女郎的群舞，让整个身体缓缓向前，整个动作看来就像草原上的一只猎豹正在慢慢靠近一只羚羊。不仅如此，它们摆动的胸鳍也制造出了一个屏障，限制了猎物的活动，让它们不得不慢慢后退，最后被赶到一个狭小的角落里。

当狮子鱼越来越靠近猎物，准备一口把它吞掉的时候，它们的胸鳍就会竖起来，然后开始快速的抖动，这种抖动和响尾蛇尾巴的摆动非常相似。这一举动是在吸引猎物的注意力，也能让狮子鱼的注意力更加集中于它的猎物。当猎物缩在角落，被眼前的一切所迷惑时，狮子鱼便突然收起它所有的鳍，以最快的速度，在眨眼间，将猎物一口吞下。

狮子鱼经常会摆动着它巨大的胸鳍从水底扫过，用以发现一些潜藏在沙石下或石缝中的小鱼。这种捕食之舞在不同种类的狮子鱼身上会显现出些许不同，如，短鬓狮子鱼（Dwarf Fuzzy Lionfish）在捕猎时，背鳍和胸鳍都会颤动；而象鼻狮子鱼（Fu Manchu Lionfish）则用一种独特的节奏前后颤动它们的背鳍，并且在捕猎时只抖动它们放射状胸鳍的尖端。

这种背刺和胸鳍的震动动作在狮子鱼的捕食过程中很常见，这是它们共同的特点，也是它们独特的捕食风格，而且这个动作在某种程度上还提升了狮子鱼的捕食能力。

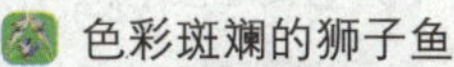
色彩斑斓的狮子鱼

海蜇图

海蜇

海生的腔肠动物，隶属腔肠动物门，钵水母纲，根口水母目，根口水母科，海蜇属。蜇体呈伞盖状，通体呈半透明，白色、青色或微黄色，海蜇伞径可超过45厘米、最大可达1米之巨，伞下8个加厚的（具肩部）腕基部愈合使口消失（代之以吸盘的次生口），下方口腕处有许多棒状和丝状触须，上有密集刺丝囊，能分泌毒液。其作用是在触及小动物时，可释放毒液麻痹小动物，以作为食物。海蜇在热带、亚热带及温带沿海都有广泛分布，我国常见的海蜇有伞面平滑口腕处仅有丝状体的食用海蜇或兼有棒状物的棒状海蜇，以及伞面有许多小疣突起的黄斑海蜇。

海蜇除精卵在体内受精的有性生殖过程外，海蜇的螅状幼体还会生出匍匐根不断形成足囊、甚至横裂体也会不断横裂成多个碟状体，以无性生殖的办法大量增加其个体的数量。

新鲜海蜇的刺丝囊内含有毒液，其毒素由多种多肽物质组成，捕捞海蜇或在海上游泳的人接触海蜇的触手会被触伤，以致红肿热痛、表皮坏死，并有全身发冷、烦躁、胸闷、伤处疼痛难忍等症状，严重时可因呼吸困难、休克而危及生命。盛夏时节，正是海蜇生长活动的旺季，同时也是渔民在捕捞作业或游人在海滨游泳时易为其蜇伤的发病高峰期。我国沿海各海域均有海蜇分布，种类很多，其所分泌的毒素性质和危害不同。但由于人们个体的敏感性差异，故在海蜇蜇伤后轻者仅有一般过敏反应，重者可致死亡，所以必须注重有效的预防和积极的抢救治疗。

海蜇毒素在刺丝囊内贮存和分布，1克刺丝囊含有5500万个单刺丝囊，一般在捕捞后，经加工处理其毒性可迅速消失。动物试验证实，海蜇毒素对哺乳动物的心传情导系统，对甲壳动物的心脏均有损害作用，并可致鼠类小肠平滑肌收缩。研究发现，海蜇毒素为四氨络物、5－羟色胺及多肽类物质，有较强的组织胺反应。其扩张血管及增强毛细血管通透性作用较5－羟色胺分别大10和15倍，还可使平滑肌收缩，或发生超敏反应，导致严重的肺水肿和过敏性休克，人被海蜇蜇伤后因毒性大小和毒素多少，以及个体敏感程度不同而症状各异。

人体皮肤薄嫩处最易蜇伤，一般可在数分钟出现触电样刺痛感，数小时后伤区逐渐出现电样刺痛感，数小时后伤区逐渐出现线状排列的有红斑的血疹，痒而灼痛，轻者可在20天左右自愈。敏感性强的患者局部可出现红斑水肿、风团、水泡、瘀斑，甚至表皮坏死。患者全身表现可有烦躁不安、发冷、腹痛、腹泻、精神不振及胸闷气短。重者多咳喘发作，吐白色或粉红色泡沫痰，并伴有脉数无力、皮肤青紫及血压下降等过敏性休克征象。若抢救不及时，这类蜇伤病人可在短时间内死亡。

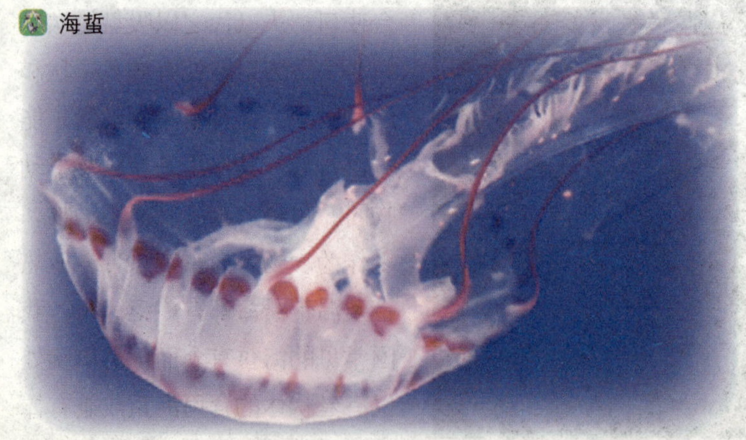

海蜇

预防海蜇蜇伤最重要之处在于避免

被冲上海滩的海蜇

与海蜇接触，尤其是作业渔民要做好个人防护，切勿麻痹大意。捕捞时尽量用工具而不直接接触海蜇须，有特异敏感体质的人应禁止下海作业。海滨旅游地在海蜇汛期应设浮标栏网，并在海边建立醒目宣传警戒标志，并配合防伤害的科普教育宣传广播，以提高游人自我防护的知识和能力。下海游泳或在海中乘船者若发现海蜇千万不可碰触，更不能捕捞，因在海上一旦发生意外，更不易抢救。一旦被海蜇蜇伤，伤者切不可惊慌，只要及时到医院诊治，一般都能较快好转和痊愈。反之，如果被蜇伤者举措失当或大意麻痹，则易出现溺水、跌伤或因救治不及时而发生危险和加重病情。

海蜇的营养极为丰富，据测定：每100克海蜇含蛋白质12．3克、碳水化合物4克、钙182毫克、碘132微克，以及多种维生素。海蜇还是一味治病良药。祖国医学认为，海蜇有清热解毒、化痰润肺、降压消肿之功。《归砚录》谓："海蛇、妙药也，宣气化痰、消炎行食而不伤正气。故哮喘、胸痛、症瘕、胀满、便秘、带下、疳、疸等病，皆可食用。"加工后的产品，称伞部者为海蜇皮，称腕部者为海蜇头，其商品价值海蜇皮贵于海蜇头。

鸡心螺

鸡心螺是在沿海珊瑚礁、沙滩上生活的美丽的螺类，贝壳前方尖瘦而后端粗大，形状像鸡的心脏或芋头。鸡心螺的种类很多，贝壳有不同的色彩和花纹。一般多生活在暖海。我国福建、广

鸡心螺

东沿岸，以及台湾省和南海诸岛的珊瑚礁中都有分布。可供观赏。

鸡心螺只有在晚上才会出来活动，它的外壳上有漂亮的图案，这使得它们很容易被辨认出来。然而，如果贸然将它们拣起来是非常致命的，因为它们体内具有剧毒的毒素。据统计，每年大约有70多人死于捡拾鸡心螺。

一只鸡心螺的毒素足以杀死10个人。它的毒素通常都是针对小鱼的，由于人类和鱼有着相似的神经系统，这使人类同样易于受到鸡心螺的侵害。试验显示：鸡心螺的受害者在死亡前，并没有什么痛苦。科学家在鸡心螺的毒素内发现了一百多种化合物，其中就有阻断神经系统传递信息的化合物，这种化合物使得生物体在死亡时因为神经系统无法传递信息，而没有任何感觉。

鸡心螺在捕猎的时候，会把身体埋伏在沙子里，仅将长长的鼻子暴露在外面。这样不但能够获取氧气，还可以监视猎物的动静。它的尖端部分隐藏着一个很小的开口，可以从这里射出来一支毒针，足以使受伤者一命呜呼。

鸡心螺具有灵活的“皮下注射器”，连接着体内装有毒素的囊，可以在几秒钟之内，迅速将毒素注射到猎物体内。

鱼在被鸡心螺攻击之前，依靠生物神经系统控制着自己的身体。鸡心螺将针刺刺入鱼的身体后，只用不到一秒的时间就阻止了鱼挣扎，紧接着，毒素展开了第一轮攻击，迅速进入控制鱼类神经信号的化学阀门，使阀门处于长时间的开放状态，毒素不断地侵入鱼体内。由于鸡心螺毒素的作用，鱼的肌肉开始痉挛，就在鱼设法重新控制自己的行动之前，鸡心螺的又一次攻击开始了，毒素攻击着鱼的神经和肌肉之间的接点，阻止了肌肉接受指令，当痉挛变得越来越微弱的时候，鱼彻底瘫痪了。

像鸡心螺这样的一系列的海洋有毒生物，由于它们长期生存在一种特定的海洋的特殊生态环境里边，长期的进化过程，使它们形成了多种多样的生理功能。这些生理功能其中就体现在它们的毒素上。实际上这些毒素都是具有许多特殊生理活性的物质，这些生理活性物质有时候会对人类产生重大的作用。像鸡心螺这种海洋典型的有毒生物，它所产生的生理活性物质就是人类开发新的药物，治疗人类重大疾病的一些重要来源。所以对人类以后的药物开发有重要的启示作用。

毒鲉

毒鲉科动物的统称。

毒鲉类的外形极丑，并有毒刺，眼睛与下颌突出，背鳍参差不齐，所以让人觉得全身凹凸不平。

毒鲉

背鳍上有毒刺，遇到人时，在根部会有毒腺分泌毒液，由毒刺流向对方，人类被刺到时会觉得呼吸困难。静止在海底或岩礁处，等待猎物接近，体色依周围环境而变化，故不易被发现，等猎物接近时会敏捷地吞食。

梅花参

海参的种类很多，全世界大约有1100种，分布在各海洋。

这么多的种类中，要数梅花参的个体最大。它的体长一般是60至70厘米，宽约10厘米，高约8厘米，最大者体长可达90至120厘米，故名“海参之王”。

梅花参形似长圆筒状，背面的肉刺很大，每3到11个肉刺的基部连在一起，有点像梅花瓣状，所以人们称它为“梅花参”；又因为它的外貌有点像凤梨，也称它为“凤梨参”。

梅花参多生活在有少量海草、堡礁的沙底，以小生物为食，它的泄殖腔内长有一种隐鱼共生。它的色彩十分艳丽，背面上显现出美丽的橙黄色或橙红色，还点缀着黄色和褐色的斑点；腹面带红色；20个触手都呈黄色。

梅花参所含的海参毒素集中在内脏的居维叶器内，如人误食含毒的内脏就会中毒。

银鲛

爬行的梅花参

银鲛俗称带鱼鲨、海兔子。分布在大西洋和太平洋各区热带和温带较深海区。日本、朝鲜、中国和菲律宾一带水域都有分布。

与鲨、鳐一样，其骨骼为软骨性，雄性具由腹鳍分化而来的体外交尾器官(鳍脚或攫握器)，用以将精子输入雌鱼体内。与鲨和鳐不同，银鲛体侧仅各有一个外鳃孔，并与硬骨鱼一样，覆有瓣片。雄性银鲛在

梅花参

鱼类中有独具的辅交合器官：一个攫握器和一对腹鳍前的鳍脚。银鲛体后部渐细，胸、腹鳍大，眼大，背鳍2个，第一背鳍具长尖棘。尾细长，因而有些种类又有鼠鱼之称。银鲛约有28个种，长约60到200厘米，体色由银白色到灰黑色不等。共分三科：银鲛科(包括称为兔鱼的种类，特征为吻圆或锥状)、叶吻银鲛科(吻独特，呈锄状且柔韧，故俗称象鱼)及长吻银鲛科(吻延长而尖，俗称长鼻银鲛)。银鲛生活在各大洋的暖、冷水区域，从江河、河口、近海到2500米或更深的深海区都有分布。游动能力差，易被捕获，离水即死。以小型鱼和无脊椎动物为食。卵大而长，且具保护硬(角质)壳。银鲛类可食用，有些地区作为食物出售，肝油可制枪械及精密仪表的润滑油。

形态特征：体长，纺锤形，尾细小而尖。头大，吻柔软，高而圆钝。头部有明显的迂回弯曲的沟状侧线管。雄性在额前方具有一柄状额鳍脚，其内前方具有一群小刺。眼大，上侧位，鼻孔腹位，位于口前，左右鼻孔靠近，前鼻瓣连合伸达牙上，具鼻口沟。外鳃孔1对，位于胸鳍基前。背2个，以膜相连。第一背鳍三角形，前方具一扁长棘；第二背鳍低平，后缘圆形，与尾鳍上叶相隔有一凹缺。臀鳍低平，与尾鳍下叶分隔处有一凹缺。体银灰色，背部略呈深灰色，腹部银白色。对银鲛的洄游习性不了解，通常夏季栖息于深海，冬季在近海也有发现。

银鲛是在大约3.5亿年前，从鲛的祖先分出来的软骨鱼类，到目前仍有“活化石”之称。骨骼虽然和别的软骨鱼类同样是软骨，但鳃孔左右一对，并有鳃盖，肛门与生殖口分开，也具有硬骨鱼类的特征，是进化研究中不可或缺的重要鱼类。

银鲛被看成是一种怪物，生活在2400米深的海水里，一般靠近海底，有时用鳍抵着海床休息。背鳍前端的刺连接毒腺，有助于银鲛自卫。其毒素可影响人的中枢神经、循环系统和呼吸系统。

生活习性：深海暖温性底层鱼类。银鲛是软骨鱼类中已发生变异的特殊分支，具自接型头骨、平板型牙、无鳞、泌尿生殖孔与肛门分离。

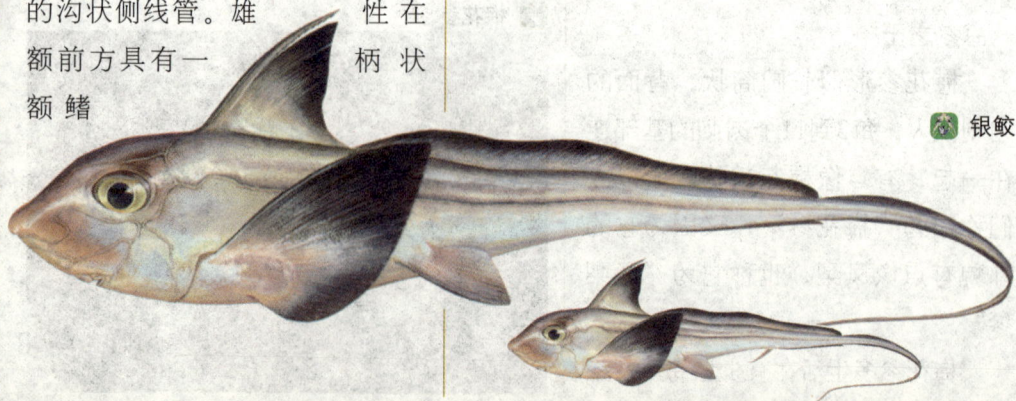

银鲛

海葵

海葵目（Actiniaria）六放珊瑚亚纲的一目。共有1000种以上。广布于海洋中。一般为单体，无骨骼，富肉质，因外形似葵花而得名。口盘中央为口，周围有触手，少的仅十几个，多的达千个以上，如珊瑚礁上的大海葵，触手一般都按6和6的倍数排成多环，彼此互生；内环先生较大，外环后生较小。触手上布满刺细胞，用做御敌和捕食。大多数海葵的基盘用于固着，有时也能作缓慢移动。少数无基盘，埋栖于泥沙质海底，有的海葵能以触手在水中游泳。海葵为雌雄同体或雌雄异体。在雌雄同体的种类中，雄性先熟。多数海葵的精子和卵是在海水中受精，发育成浮浪幼虫；少数海葵幼体在母体内发育。有些种类通过无性生殖，由亲体分裂为2个个体；还有些种类是在基盘上出芽，然后发育出新的海葵。 海葵多数栖息在浅海和岩岸的水洼或石缝中，少数生活在大洋深渊，最大栖息深度达10210米。在超深渊底栖动物组成中，所占比例较大。这类动物的巨型个体一般见于热带海区，如口盘直径有1米的大海葵只分布在珊瑚礁上。

刺胞动物门(Cnidaria)珊瑚纲(Anthozoa)海葵目(Actiniaria)无脊椎动物。各大洋都有分布，从潮间带到超过10000米深处，有的生活于淡咸水中。1000余种，直径从数毫米到约1.5厘米不等。体圆柱状，口周围有花瓣状触手，触手数常为6的倍数，通常为黄、绿或蓝色。基端附著在硬物上，如，岩石、木头、海贝或蟹背上。多数不移动，有的偶尔爬动，或以翻慢筋斗方式移动。有些属无基盘，深埋于泥沙内，仅露出口和触手。幻海葵属(Minyas)在近海面处浮动，口端朝下。海葵无骨骼，但能分泌角质外膜。有的能分泌黏液，周围黏满沙粒、贝壳或其他物体。触手的刺丝囊麻痹鱼等动物。有的只吃微生物。吃海葵的有海牛(裸鳃类)、海星、鳗和比目鱼。

海葵

多数海葵雌雄异体，卵在水中受精。滨海葵属和红海葵属(Actinia)的精子进入雌体腔肠受精。有时行无性纵裂生殖(如Anemonia属)。有的基盘裂成碎片，再长成新个体(如Metridium属)。海葵常与其他动物共生。如移栽寄居蟹(Pagurus arrosor)居住的贝壳上有单个丽海葵属(Calliactis)的海葵，当蟹长大迁入较大的新贝壳时，把海葵也移到新壳上，真寄居蟹(Eupagurus prideauxi)总是和疣海葵(Adamsia palliata)在一起。有些鱼(如Premnas属和Amphiprion属)可在海葵(如Stoichactis属、Radianthus属或Discosoma属)的有毒触手间安全地生活，有些鱼则可能被另外的海葵(甚至是同一种的)螫伤或吃掉。

海葵与海葵虾

海葵看上去好似一朵无害的柔弱的鲜花，但实际上却是一种靠摄取水中的动物为生的食肉动物。它的呈放射状的两排细长的触手伸张开来，在消化腔上方摆动不止就像一朵朵盛开的花，非常的美丽，向那些好奇心盛的游鱼频频招手。虽然不能主动出击获取猎物，但是当它的触手一旦受到刺激，那怕是轻轻的一掠，它都能毫不留情地捉住到手的牺牲品。海葵的触手长满了倒刺，这种倒刺能够刺穿猎物的肉体。它的体壁与触手均具有刺丝胞，那是一种特殊的有毒器官，会分泌一种毒液，用来麻痹其他动物以自卫或摄食。看来，海葵鲜艳动人的触手对小鱼来说，其实是一种可怕的美丽陷阱。海葵所分泌的毒液，对人类伤害不大，如果我们不小心摸到它们的触手，就会受到拍击而有刺痛或瘙痒的感觉。假如把它们采回去煮熟吃下，会产生呕吐、发烧、腹痛等中毒现象。因此，海葵既摸不得也吃不得。

海葵与小丑鱼

第二部分

有毒的植物

YouduDeZhiwu

不光很多凶猛的动物有毒，而且很多看似温顺的植物也有毒，它们通过身上带有毒素来保护自己，如毒蘑菇等，因此，人们在选择植物作为食物的时候也要小心！

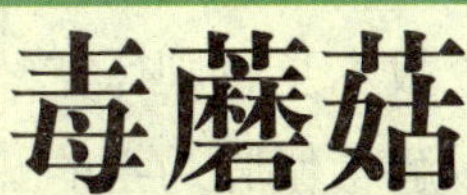

毒蘑菇

褐鳞环柄菇

褐鳞环柄菇中文别名是褐鳞小伞。

形态特征

子实体小。菌盖表面有褐色小鳞片，具菌环且无菌托。菌盖初期扁半球形，开伞后平展，中部稍凸起，直径1至4厘米左右。表面密被红褐色或褐色小鳞片，尤其中部较多，往往呈环带状排列。菌肉白色。菌褶白色或带污黄，离生，较密，不等长。菌柄细弱，长2至6厘米，粗0.3至0.7厘米，白色稍带粉红色，内部空心，基部稍膨大。菌环白色，小而易脱落，生在柄的上部。孢子印白色。孢子无色，光滑，椭圆形。

褐鳞环柄菇

褐鳞小伞

生态习性

春至秋季多在林中、林缘草地上单生或群生。

分布地区

北京、河北、江苏、云南、青海、西藏等地。

中毒症状

子实体虽小，但毒性很强，含有毒肽及毒伞肽类毒素。曾在上海、天津、河北等地区发生中毒事例。发病初期多为急性胃肠炎，而后期出现烦躁不安、昏迷、抽风、巩膜黄染、皮下出血、肝脏肿大等，抢救不及时则休克而死亡，必须在中毒早期采取以解毒保肝为主的治疗措施。

肉褐鳞环柄菇

形态特征

子实体小，带浅肉粉红色。菌盖具褐红色或暗紫褐色鳞片。无菌托且有菌环。幼时菌盖半球形，开伞后平展，直径2至4厘米，中部鳞片密集色深，边缘有短条棱。菌肉粉白色，近表皮处带肉粉色。菌褶白又带粉色，离生，稍密，不等长，受伤变暗红色。菌柄长3至6厘米，粗0.3至0.7厘米，同盖色，菌环以下具环带状排列的小鳞片，内部松软至空心。菌环生柄上部往往只留有痕迹。孢子印白色。孢子无色，光滑，卵圆至宽椭圆形。褶缘囊体棒状，较多。

生态习性

夏秋季于林下、路边、房屋周围的草地上均可生长，一般群生，有时单生。

分布地区

河北、山西、北京、宁夏、江苏、黑龙江、安徽、上海、四川等地。

中毒症状

此种为极毒，含毒肽和毒伞肽。1976年以来，曾在河北、江苏、上海、黑龙江发生大批食用者中毒的现象。发病初期为胃肠炎症状，然后肝、肾受害、烦躁、抽搐、昏迷，死亡率高。采食野生蘑菇时需注意。

白毒伞

白毒伞(又名白鹅膏、白帽菌、白罗伞)是另一种在我国常引起中毒的蘑菇，其菌体呈白色，幼时呈椭圆形或钟形，老后平展，表面光滑。菌柄光滑，基部膨大。菌环生在柄的上部，菌托肥厚成苞状。这类毒蘑菇喜欢在某种树荫下群生，一般与根部相连，在新

白毒伞

鲜的毒蘑菇中其毒素含量甚高，对人体肝、肾、血管内壁细胞及中枢神经系统的损害极为严重，死亡率高达90%以上。近年，河南、云南的两起大规模蘑菇中毒均为白毒伞引起。

鳞柄白毒伞

形态特征

子实体中等大，纯白色。菌盖边缘无条纹，中部凸起略带黄色，直径6到15厘米。菌肉白色，遇KOH变金黄色。菌褶白色，离生，较密，不等长。菌柄有显著的纤毛状鳞片，细长圆柱形，长8至14厘米，粗1至1.2厘米，基部膨大呈球形。菌托较厚呈苞状。菌环生柄之上部或顶部。孢子印白色。孢子无色，光滑，近球形，糊性反应。

生态习性

夏秋季在阔叶林地上单生或散生。

分布地区

吉林、广东、北京、四川等地。

中毒症状

此菌被称做“致命小天使”。其毒性很强，曾在北京、四川等地发生过食用者中毒现象，死亡率很高。含有毒肽及毒伞肽毒素。中毒症状同毒鹅膏菌、白毒鹅膏菌。与可食的白托鹅膏菌相近似，但这后种无菌环，菌柄基部不膨大呈球形，菌托较大，与柄基部多分离。此种可与栗、高山栎，以及松等树木形成菌根。

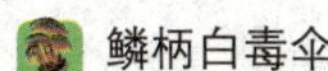

鳞柄白毒伞

包脚黑褶伞

形态特征

子实体较大，白色至污白色，柄有菌托。菌盖扁半球形至近平展，直径7至13厘米，可达16厘米，表面白色后带淡黄色，比较平滑。菌肉白色。菌褶稠密，离生，初期粉红色后变黑褐色，长短不一。菌柄圆柱形，长可达13厘米，基部膨大，直径可达4至6厘米。菌托肥大，边缘呈锯齿状。孢子印紫褐色。孢子光滑，褐色，近球形至宽椭圆形。

生态习性

夏秋季生阔叶林缘地上或草地、公园中，单生或散生。

分布地区

青海、河北、新疆、西藏等地区。

中毒症状

此菌中毒首次发现于北京，后来在河北等地也有发现。中毒后一般发病慢，潜伏期6小时以上，最长可达42小时，主要表现恶心、呕吐、腹泻及便血。有的出现发烧、瞳孔散大等。严重者类似毒伞、白毒伞、肉褐鳞小伞中毒，出现急性肝炎、黄疸等，甚至死亡。

赭鹿花菌

形态特征

子囊果中等大。菌盖呈马鞍状，表面往往多皱，粗糙，褐色或红褐色。菌盖直径5至8厘米。菌柄污白或稍带粉红色。表面粗糙并有凹窝，长3至8厘米，粗1至2厘米。子囊圆柱形。子囊孢子单行排列或上部双行，椭圆形，近无色，含两个油滴，壁厚。侧丝浅褐色，顶端膨大，具分隔及少数

包脚黑褶伞

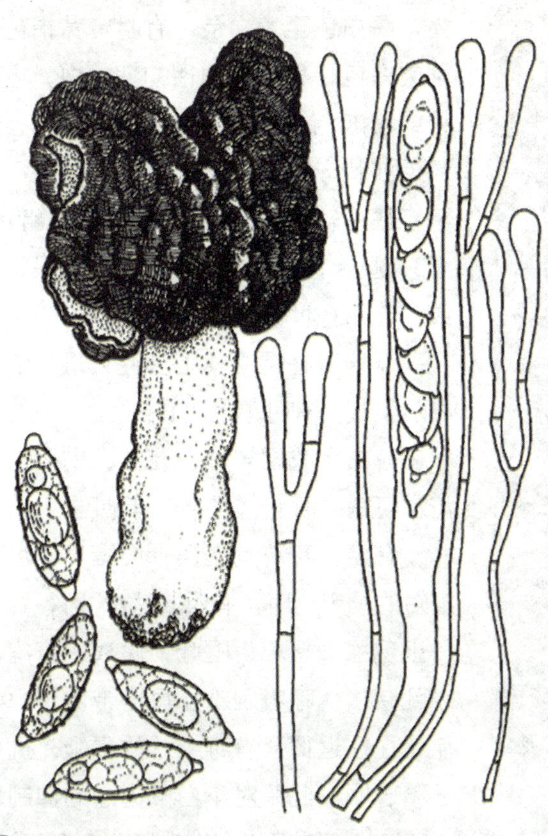

赭鹿花菌

分枝，粗9至10微米。

生态习性

夏秋季在云杉、冷杉或松林地上，或腐木上单个或成群生长。

分布地区

吉林、山西、甘肃、新疆、四川、黑龙江、青海、西藏等地。

中毒症状

此菌毒素与鹿花菌相同，中毒后主要表现为溶血症状，外形特征与可食用的马鞍菌近似。但后种菌盖边缘与菌柄无连接点，颜色黑褐色。

秋盔孢伞

形态特征

菌盖直径1.3至4.5厘米，半球形、钟形至扁平部凸起，初期污黄色，后呈黄褐色，中部色深，边缘具不明显的细条棱，湿润时黏。菌肉淡褐色。菌褶较密，直生，初期黄色，后变黄褐，长短不一。菌柄上部黄色，下部黑褐色，长5.4至8.3厘米，粗0.3至0.7厘米，空心。菌环膜质生菌柄上部。孢子印锈色。孢子淡褐色，近椭圆形，具盔状外膜和疣状小突起。褶侧囊体淡黄色，瓶状。褶缘囊体与褶侧囊体相似。

生态习性

夏秋季在针叶树腐木上成群或成丛生长。

分布地区

四川、山西、新疆、甘肃、贵州、西藏等地。

秋盔孢伞

此种极毒。毒性近似毒鹅膏伞、白毒鹅膏菌。据记载含毒伞肽毒素(α-amanitin，β-amanitin)。中毒后出现头晕、头痛、全身无力、恶心、呕吐、腹泻、发冷、舌头及手脚发麻或脱水、便血、鼻腔出血、黄胆、肝大、脉搏微弱，血压下降、瞳孔放大、严重者吐血、烦躁不安、谵语，病者多死于肝昏迷或休克。此种中毒死亡率比较高。

毒粉褶菌

毒粉褶菌又称土生红褶菌。子实体较大。菌盖一般污白色，直径可达20厘米，初期扁半球形，后期近平展，中部稍凸起，边缘波状，常开裂，表面有丝光，污白色至黄白色，有时带黄褐色。菌肉白色，稍厚。菌褶初期污白，老后粉或粉肉色，直生至近弯生，稍稀，边缘近波状，长短不一。菌柄白色至污白色，往往较粗壮，长9至11厘米，粗1.5至3.8厘米，上部有白粉末，表面具纵条纹，基部有时膨大。

夏秋季在混交林地往往大量成群或成丛生长，有时单个生长。

分布于我国吉林、江苏、安徽、台湾、河南、河北、黑龙江等地区。

有毒，不可食。误食中毒后，潜伏期短的约半小时，有时长达6小时，发病后出现强烈恶心、呕吐，腹痛、腹泻、心跳减慢、呼吸困难、尿中带血，中毒症状往往近似含有毒伞肽的毒伞。抗癌试验表明，此菌对小白鼠肉瘤的抑制率为100%，对艾氏癌的抑制率为100%。

毒粉褶菌

残托斑鹅膏菌

形态特征

子实体中等大。菌盖直径可达3到9.5厘米，初期扁半球形，后平展，菌盖表面浅褐色至棕褐色，中央色更深，散布有白色至污白色角锥状鳞片，边缘稍有内卷而具有较明显的条纹，甚至开裂。菌肉白色。菌褶白色，离生，较密，不等长。菌柄白色，表面光滑，长3至11厘米，粗1至1.7厘米，圆柱形，内部实心，基部膨大，菌托只残留痕迹或小数角形颗粒。菌环膜质，生于柄的中下部。孢子印白色。光滑，近球形，7～10um，含一油滴，非糊性反应。

残托斑鹅膏菌

生态习性

夏季在马尾松林地上成群生长。

分布地区

此菌首次发现于广西平乐地区，后来在贵州、云南、福建等地区也有发现。

中毒症状

产区发生中毒，且有死亡现象，但毒素不明。另外苍蝇对此菌敏感，毒死很快。此种与马尾松可能形成菌根。

毒鹅膏菌

又称绿帽菌、鬼笔鹅膏、蒜叶菌、高把菌、毒伞。子实体一般中等大。菌盖表面光滑，边缘无条纹，菌盖初期近卵圆形至钟形，开伞后近平展，表面灰褐绿色、烟灰褐色至暗绿灰色，往往有放射状内生条纹。菌肉白色。菌褶白色，离生，稍密，不等长。菌柄白色，细长，圆柱形，长5至18厘米，粗0.6至2厘米，表面光滑或稍有纤毛状鳞片及花纹，基部膨大成球形，内部松软至空心。菌托较大而厚，呈苞状，白色。菌环白色，生在菌柄的上部。夏秋季在阔叶林中地上单生或群生。主要分布在南方的江苏、江西、湖北、安徽、福建、湖南、广东、广西、四川、贵州、云南等地区。此菌极毒，据记载幼小菌体毒性更大。该菌含有毒肽（phallotoxing）和毒伞肽(anatoxins)两大类毒素。中毒后潜伏期长达24小时左右。发病初期恶心、呕吐、腹痛、腹泻、此后一两天症状减轻，似乎病愈，患者也可以活动，但实际上毒素进一步损害肝、肾、心脏、肺、大脑中枢神经系统。接着病情很快恶化，出现呼吸困难、烦躁不安、谵语、面肌抽搐、小腿肌肉痉挛。病情进一步加重，出现肝、肾细胞损害，黄胆，急性肝炎，肝肿大及肝萎缩，最后昏迷。死亡率高达50%以上，甚至100%。对此毒菌中毒，必须及时采取以解毒保肝为主的治疗措施。云南民间还利用毒伞的浸煮液杀红蜘蛛。该菌的子实体提取液对大白鼠吉田肉瘤有抑制作用和具有免疫活性。该菌是树木的外生菌根菌，与松、支杉、栎、山毛榉、栗等树木形成菌根。

毒鹅膏菌

小毒红菇

形态特征

子实体小。菌盖深粉红色，老后褪色，黏，表皮易脱落，边缘具粗条棱。菌盖直径5至6厘米，扁半球形，平展后中部下凹，边缘薄。菌肉白色，味苦，薄。菌褶白色至淡黄色，稍密，弯生，长短不一，少数分叉。菌柄圆柱形，长2至5厘米，粗0.6至1.5厘米，白色，内部松软。孢子印白色。孢子球形至近球形，有小刺。褶侧囊体近梭形，顶端小头状。

生态习性

夏秋季在林中地上分散生长。

分布地区

河北、河南、黑龙江、吉林、辽宁、江苏、安徽、浙江、福建、湖南、广东、广西、西藏、台湾、云南等地。

中毒症状

此种含胃肠道刺激物，食后会引起中毒。另外，此菌是树木的外生菌根菌。

分布地区

河南、辽宁、贵州、江西、西藏、四川、湖北等地。

拟臭黄菇

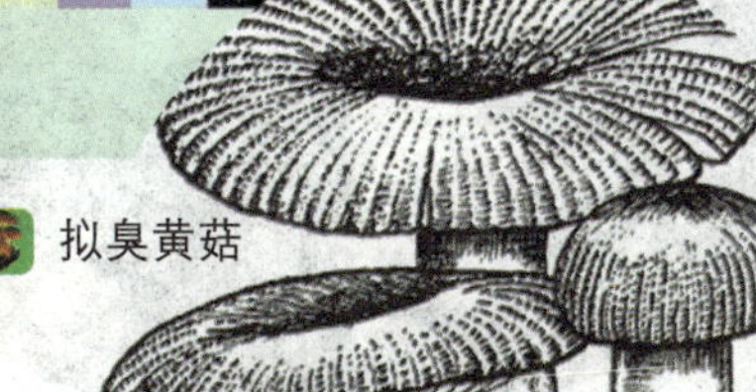

拟臭黄菇

形态特征

子实体中等至较大。菌盖直径3至15厘米，初期扁半球形，后渐平展中央下凹浅漏斗状，浅黄色，土黄色或污黄褐至草黄色，表面粘至黏滑，边缘有明显的由颗粒或疣组成的条棱。菌肉污白色。菌褶直生至近离生，稍密或稍稀，污白色，往往有污褐色或浅赭色斑点。菌柄长3至14厘米，粗1至1.5(2.5)厘米，近圆柱形，中空，表面污白至浅黄色或浅土黄色。孢子近球形，具刺棱，近无色。

中毒症状

味辛辣，具恶心臭气味，被认为有毒。此菌含抗癌物质。对小白鼠肉瘤的抑制率为90%，对艾氏癌的抑制率为80%。属树木的外生菌根菌。

生态习性

夏秋季在阔叶林地上群生或单生。

拟臭黄菇

毛头乳菇

毛头乳菇又称疝疼乳菇。

子实体中等。菌盖深蛋壳色至暗土黄色，具同心环纹，边缘白色长绒毛，乳汁白色，不变色，味苦。菌盖直径4至11厘米，扁半球形，中部下凹呈漏斗状，边缘内卷。菌肉白色。菌褶直生至延生，较密，白色，后期浅粉红色。

夏秋季在林中地上单生或散生。

分布于我国黑龙江、吉林、河北、山西、四川、广东、甘肃、青海、内蒙古、新疆、西藏等地区。

此种蘑菇有毒，含胃肠道刺激物。食后引起胃肠炎或产生四肢末端剧烈疼痛等病症。还有含毒蝇碱等毒素等的记载。子实体含橡胶物质。属外生菌根菌，与区、榛、桦、鹅耳枥等树木形成菌根。

毛头乳菇

夏秋季于松林中地上单生或群生。

分布于我国辽宁、吉林、云南、香港、辽宁、陕西、西藏、四川、广东等地。

食后往往引起腹泻，但经浸泡、煮沸淘洗后可食用。属外生菌根菌，与松等形成菌根。

白黄黏盖牛肝菌

子实体较小。菌盖直径1.5至9厘米，半球形，表面黏，白色，淡白色或带黄褐色，老后呈红褐色，幼时边缘有残留菌幕。菌肉白色，后渐变淡黄色。菌管直生或弯生，白色。管口小，近圆形。每毫米3至4个，有腺眼。柄长4至6厘米，粗0.8至1.5厘米，柱形，基部稍膨大，内实，初白色，后与菌盖同色，有腺眼。

白黄黏盖牛肝菌

粉红枝瑚菌

又称珊瑚菌、扫帚菌、刷把菌（四川）、鸡爪菌、则梭菌（西藏）、粉红丛枝菌

子实体浅粉红色或肉粉色，由基部分出许多分枝，形似海中的珊瑚。子实体高达10至15厘米，宽5至10厘米，干燥后呈浅粉灰色。每个分枝又多次分叉，小枝顶端叉状或齿状。菌肉白色。

多生于阔叶林中地上，一般成群丛生在一起。

分布于我国黑龙江、吉林、河北、河南、甘肃、四川、西藏、安徽、云南、福建等地。

不宜采食，食后往往中毒。中毒症状为比较严重的腹痛、腹泻等胃肠炎症状。对小白鼠肉瘤的抑制率为80%，而对艾氏癌的抑制率为70%。

毒蝇鹅膏菌

形态特征

子实体较大。菌盖直径6至20厘米。边缘有明显的短条棱，鲜红色或橘红色，有白色或稍带黄色的颗粒状鳞片。菌褶纯白色，密，离生，不等长。菌肉白色，靠近盖表皮处红色。菌柄纯白，长12至25厘米，粗1至2.5厘米，表面常有细小鳞片，基部膨大呈球形，并有数圈白色絮状颗粒组成的菌托。菌环白色膜质。孢子印白色。孢子无色，宽卵圆形，光滑，内含油滴，非糊性反应。

生态习性

夏秋季在林中地上成群生长。

分布地区

黑龙江、吉林、四川、西藏、云南等地。

中毒症状

此种因毒蝇而得名。其毒素有毒蝇碱(muscarine)，异鹅膏胺(muscimol)，异鹅膏氨酸（mucazone)，以及豹斑毒伞素(pantherin)等。误食后约6小时以内发病，剧烈恶心、呕吐、腹痛、腹泻及精神错乱，出汗、发冷、肌肉抽搐、脉减慢、呼吸困难或牙关紧闭，头晕眼花，神志不清等症状。使用阿托品疗效良好。此菌还产生甜菜碱(betaine)，胆碱(choline)和腐胺(putrescine)等生物碱。子实体的乙醇提取物，对小白鼠肉瘤有抑制作用。另外所含毒蝇碱等毒素对苍蝇等昆虫毒杀力很强，可用于农林业生物防治。此菌属外生菌根菌。

毒蝇鹅膏菌

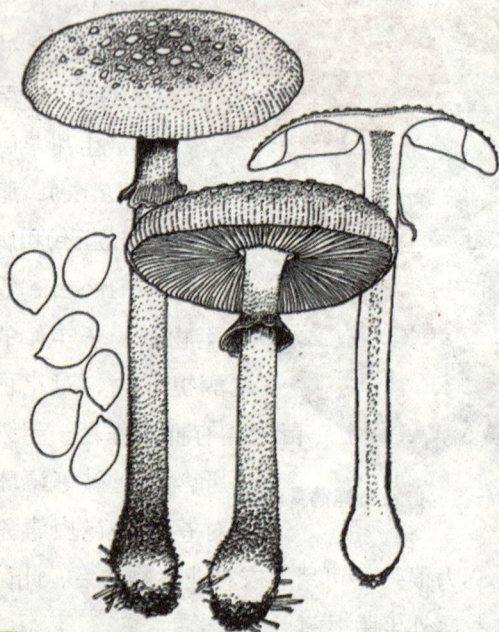

黄毒蝇鹅膏菌

形态特征

子实体较大，黄色。菌盖直径5至10厘米，幼时扁半球形，后渐平展，中部稍凸起，橙黄色或稍浅，湿时黏，具黄色至黄白色鳞片且易脱落。盖边缘具不太明显的短条纹。菌肉较薄，白色至淡黄色。菌褶离生，乳白色至淡黄色，较密，稍宽，不等长。菌柄圆柱形，长5至10厘米，粗0.8至1厘米，基部膨大近球形至棍棒状，内部松软至空心，白色至淡黄色，菌环生在柄的上部，膜质，薄。菌托成粉粒或棉绒状除附在盖顶部成鳞片外，也附着在柄基部呈现出明显的黄色粉末状菌托残迹。往往柄上也附着黄色粉末。孢子白色，光滑，卵圆形，糊性反应。

黄毒蝇鹅膏菌

生态习性

夏秋季在针阔混交林地上群生。

分布地区

西藏波密等地。

中毒症状

此菌有毒，可能含有类似毒蝇蛾膏菌的毒素，1982年在西藏波密一带考察发现，对蝇类毒杀比较明显。此种属外生菌根菌。

半卵形斑褶菇

形态特征

子实体一般中等。菌盖直径一般4厘米，有时可达8厘米，近圆锥形、钟形至半球形，顶部有的略带土黄色，光滑而黏，有时龟裂。菌肉污白色。菌褶初期灰白，后期呈现灰黑相间的花斑，直生，稍密，长短不一。菌柄圆柱形，长10至25厘米，粗0.4至1.2厘米，白色至污白色，顶部有纵条纹，菌环以下渐增粗，内部松软变空心。菌环膜质生柄的中上部。

夏秋季在草地林中空地牛、马粪上单生或群生。

分布于台湾、甘肃、陕西、新疆、青海、西藏、四川等地区，多见于高山牧场。此种在青藏高原的松潘地区草地多见，而在内蒙草原却未发现。此菌有毒，中毒后可引起幻觉反应。

半卵形斑褶

亚稀褶黑菇

形态特征

子实体中等大。菌盖浅灰色至煤灰黑色。菌盖直径6至11.8厘米，扁半球形，中部下凹呈漏斗状，表面干燥，有微细绒毛，边缘色浅而内卷，无条棱。菌肉白色，受伤处变红色而不变黑色。菌褶直生或近延生，浅黄白色，受伤变红色，稍稀疏，不等长，厚而脆，不分叉，往往有横脉。菌柄椭圆形，长3至6厘米，粗1至2.5厘米，比盖色浅，内部实心或松软。孢子近球形，有疣和网纹，无色。褶侧和褶缘囊体披针形或近梭形。

生态习性

夏秋季在阔叶林中及混交林地上分散或成群生长。

分布地区

湖南、江西、四川、福建等地。

中毒症状

此种毒菌误食中毒发病率70%以上，半小时后发生呕吐等，死亡率达70%。属“呼吸循环害损型”。食者2至3天后表现急性血管内溶血，小便酱油色，急性溶血导致急性肾功能衰竭。死者多因中枢性呼吸衰竭或中毒性心肌炎所致。属树木的外生菌根菌。

亚稀褶黑菇

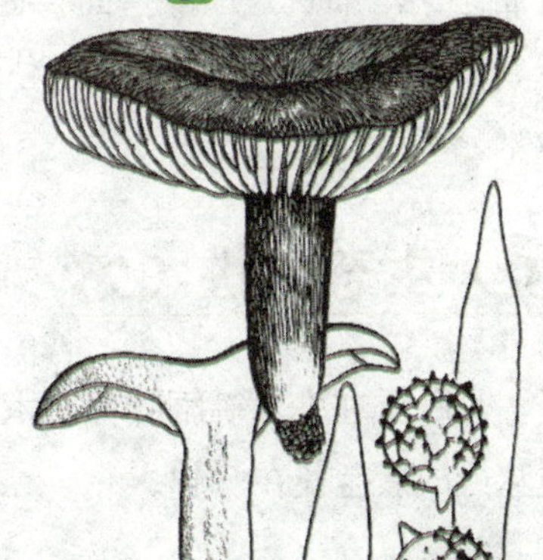

叶状耳盘菌

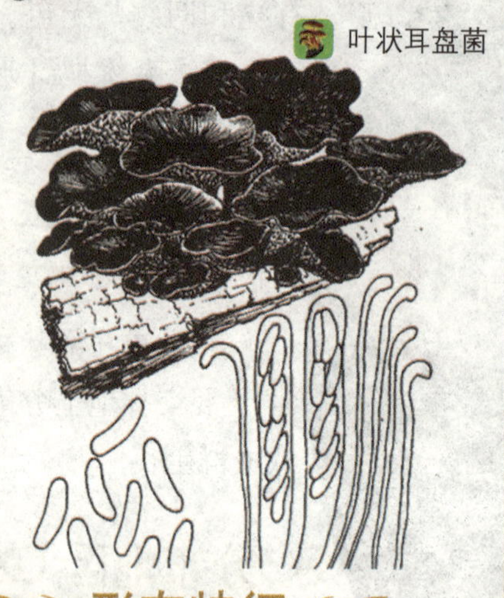

叶状耳盘菌

形态特征

子囊盘小，黑色，呈浅盘状或浅杯状，由数枚或很多枚集聚生在一起，具短柄或几乎无柄，直径2至3.5厘米，个体大者盖边缘呈波状，上表面光滑，下表面粗糙和有棱纹，湿润时有弹性，呈木耳状或叶状，干燥后质硬，味略苦涩。子囊细长呈棒状，内有8个近双行排列的孢子。孢子无色，短柱状，稍弯曲。侧丝细长，顶部弯曲，近无色，有分隔和分枝，顶端粗约3微米。

生态习性

夏秋季在桦木等阔叶树腐木上成丛或成簇生长在一起。

分布地区

湖南、广西、陕西、云南、贵州、四川等地。

中毒症状

此种极似木耳，木耳产区多发生误食中毒。其症状如胶陀螺菌中毒，属日光过敏性皮炎，可能会有卟啉这种物质。一般食后约3小时发病，出现手指、脚趾发痒，脸面红肿，灼烧般疼痛，往往形成水肿和水泡，嘴唇肿胀外翻。凡露光部位反应更严重。发病率高达80%。

赭红拟口蘑

子实体中等或较大。菌盖有短绒毛组成的鳞片。浅砖红色或紫红色，甚至褐紫红色，往往中部浮色。菌盖直径4至15厘米。菌褶带黄色，弯生或近直生，密，不等长，褶缘锯齿状。菌肉白色带黄，中部厚。菌柄细长或者粗壮，长6至11厘米，粗0.7至3厘米，上部黄色下部稍暗具红褐色或紫红褐色小鳞片，内部松软后变空心，基部稍膨大。夏秋季生于针叶树腐木上或

赭红拟口蘑

腐树桩上，群生或成丛生长。分布于我国台湾、甘肃、陕西、广西、四川、吉林、西藏、新疆等地区。此菌有毒，误食此菌后，往往产生呕吐、腹痛、腹泻等胃肠炎病症。但也有人无中毒反应。

大鹿花菌

子实体较小至中等大，菌盖直径8.9至15厘米。呈不明显的马鞍形，稍平坦，微皱，黄褐色。菌柄长5至10厘米，粗1至2.5厘米，圆柱形，较盖色浅，平坦或表面稍粗糙，中空。在针叶林中地上靠近腐木单生或群生。分布于我国吉林、西藏等地区。可能有毒，毒性因人而异，不可食用。

介味滑锈伞

子实体一般中等大。菌盖表面光滑，黏，初期扁平球形，后期中部稍突起，深蛋壳色至深肉桂色，直径一般5至12厘米，边缘平滑。菌肉白色。菌褶浅锈色，稍密。菌柄柱形，长约10厘米，粗1至2厘米，污白色或带锈黄色。

介味滑锈伞

分布于吉林、云南、陕西、山西等地。夏秋季常生在针阔叶混交林中地上，单生或群生。有强烈的芥菜气味，口尝有辣味。有毒，不宜食用。

粪锈伞

子实体一般较小。菌盖近钟形，半膜质，表面黏，光滑，中部淡黄色或柠檬黄色，有皱纹，向边缘渐变为米黄色，直径2至4.5厘米，边缘有细长条棱，可接近顶部。菌肉很薄。菌褶近弯生，密或稍稀，窄，深肉桂色，褶沿色淡。菌柄细长，柱形，长5至10厘米，粗0.2至0.3厘米，质脆，有透明感，光滑或上部有白色细粉粒，污黄白色，空心，基部稍许膨大。

粪锈伞

春至秋季在牲畜粪上或肥沃地上单生或群生。

分布于黑龙江、吉林、辽宁、河北、内蒙古、山西、四川、云南、江苏、湖南、青海、甘肃、陕西、西藏、福建、广东、新疆等地。

怀疑有毒，不可食用。

细褐鳞蘑菇

子实体中等至较大。菌盖直径5至10厘米，初期半球形，后期近平展，中部平或稍凸，表面污白色，具有带褐色、黑褐色纤毛状小鳞片，中部鳞片灰褐色。菌肉白色，稍厚。菌褶初期灰白至粉红色，最后变黑褐色，较密，不等长，离生。菌柄圆柱形，长6至12厘米，粗0.81厘米，污白色，表面平滑或有白色的短细小纤毛，基部膨大，伤处变黄色，内部松软。菌环薄膜质，双层，生柄的上部，白色，上面有褶纹，下面有白色短纤毛。夏秋季生林中地上。分布于河北、香港等地。该菌有毒，有很强的石碳酸气味，食用后引起呕吐或腹泻等中毒症状。此菌外形特征接近于双环林地蘑菇，但此种幼时菌盖顶部不呈四方形，菌盖鳞片细小。

细褐鳞蘑菇

毛头鬼伞

又称鸡腿蘑（河北、山西）、毛鬼伞。子实体较大。菌盖呈圆柱形，当开伞后很快边缘菌褶溶化成墨汁状液体。菌盖直径3至5厘米，高9至11厘米，表面褐色至浅褐色，随着菌盖长大而断裂成较大型鳞片。菌肉白色。菌柄白色，圆柱形，较细长，且向下渐粗，长7至25厘米，粗1至2厘米，光滑。

毛头鬼伞

春至秋季在田野、林缘、道旁、公园内生长，雨季甚至可在毛屋顶上生长。此菌有时生长在栽培草菇的堆积物上，与草菇争养分，甚至抑制其菌丝的生长。

分布于我国黑龙江、吉林、河北、山西、内蒙古、甘肃、新疆、青海、西藏等地区。

该蘑菇含有石碳酸等胃肠道刺激物，还含有腺嘌呤、胆硷、精胺、酪胺和色胺等多种生物硷以及甾醇脂等。食

美丽黏草菇

后可能引起中毒，与酒类如啤酒同吃容易引起中毒。毛头鬼伞可人工栽培，不过因为成熟快，容易出现菌褶液化，必须掌握采摘时间。还可以用菌丝体进行深层发酵培养。

美丽黏草菇

美丽黏草菇子实体中等大，白色，菌盖直径6至10厘米，初期近圆形，后期近平展。菌肉白色。菌褶白色变粉红色。菌柄细长，长6至15厘米，粗0.6至1.3厘米，圆柱形。菌托苞状而大。

夏秋季生林中地上，单生或群生。

分布于我国湖北、湖南、四川、吉林、新疆、香港等地。

有毒，不可食用。

大青褶伞

又称摩根小伞。子实体大，白色。菌盖直径5至25厘米，半球形，扁半球形，后期近平展，中部稍凸起，幼时表皮暗褐色或浅褐色，逐渐裂为鳞片，顶部鳞片大而厚，呈褐紫色，边缘渐少或脱落，菌盖部菌肉白色或带浅、粉红色，松软。菌褶离生，宽，不等长，初期污白色，后期呈浅绿至青褐色，褶缘有粉粒。菌柄圆柱形，长10至28厘米，粗1至2.5厘米，纤维质，表面光滑，污白色至浅灰褐色，菌环以上光滑，环以下有白色纤毛，基部稍膨大，内部空心，菌柄菌肉伤处变褐色，干时有香气。菌环膜质，生在柄的上部。夏秋季生在林中或林边草地上，群生或散生。分布于我国香港、台湾、海南等地。此菌普遍被认为有毒，不宜食用。

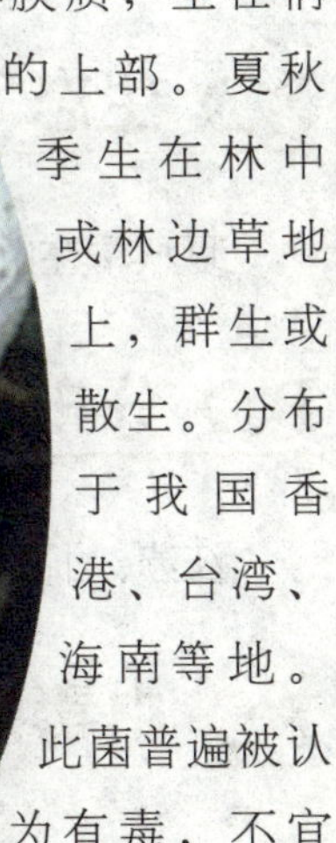
大青褶伞

毛脚丝盖伞

形态特征

子实体小。菌盖中部凸起呈深肉桂色，其他部分有时具鳞片状裂片，边缘开裂，直径2.5至3.5厘米，后期渐平展，被浅土黄色纤毛。菌肉白色。菌褶离生，稍密，浅土黄色，不等长。菌柄圆柱形，长3至6厘米，粗0.3至0.6厘米，上部白色，下部近盖色，柄基部稍膨大并有白色毛。孢子淡褐色，多角形。褶侧囊体中部膨大。

毛脚丝盖伞

生态习性

夏秋季在阔叶林地上成群生长。

分布地区

江苏、浙江、四川、吉林等地。

中毒症状

误食中毒后引起胃肠炎等病症。在四川曾发生过中毒，严重时可死亡。

豹斑毒伞

形态特征

菌盖宽3.5至14厘米，初期扁半球形，后平展，湿时稍黏，灰褐色亚棕褐色，边缘色浅，有条纹，表面附着白色块状或角状鳞片。菌肉白色，薄。菌褶白色，较密。菌柄白色，长5至17厘米，粗0.5至2.5厘米，空心，脆，下部有白色鳞片，基部膨大。菌环生菌柄中下部，白色，膜质，易脱落。菌托近杯状或呈环带。孢子印

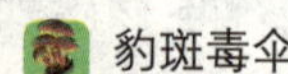

豹斑毒伞

白色，孢子无色，宽椭圆形。

分布地区

河北、吉林、安徽、黑龙江、福建、广东、广西、河南、四川、云南、青海、海南岛等地。5月～9月青杠林、松林、杂木林中地上，群生。

中毒症状

含有毒蝇碱。食后发病快，一般1至6小时，最短约半小时。主要作用使副交感神经兴奋。发病后心窝难受、上吐下泻、出汗、流泪、流涎、瞳孔缩小、感光消失、脉搏减慢而不规则，呼吸障碍、体温下降、四肢发冷等。严重者常出现幻视、谵语、抽搐、昏迷，甚至还有肝损害和出血等现象，一般死亡较少。中毒后及时应用阿托品治疗效果较好。

白鳞粗柄鹅膏菌

白鳞粗柄鹅膏菌

形态特征

子实体中等大，白色。菌盖有角锥状鳞片。菌盖直径4至9厘米，表面干燥，白色或带黄色，鳞片易脱落，边缘无条棱。菌肉白色。菌褶离生，较密，不等长，边缘平滑或细锯齿状。菌柄粗壮并有环状排列的鳞片及肥大的基部，长8至12厘米，粗1至2.5厘米。孢子无色椭圆形至宽椭圆形，光滑，糊性反应。

生态习性

春至秋季在林中地上单独生长。

分布地区

四川、湖南、台湾、广东、海南等。

中毒症状

此种有人认为可食，有人认为有毒。曾在四川等地发生数人中毒，发病初期出现胃肠道反应，然后有心悸、气喘、肝肿大、胆大及黄胆、血尿、少尿及心脏、肾脏等脏器损害，可引起死亡。因此不能够轻易采食。此种与栗等树木形成外生菌根。

肝褐丝盖伞

形态特征

肝褐丝盖伞

子实体较小。呈肝褐色。菌盖具辐射状裂纹和平状的纤维毛。边缘色浅。菌柄具丝状纤毛。菌盖直径1.5至3厘米，呈钟形。菌肉白色。菌褶稍密，锈褐色，不等长。菌柄圆柱形，长3至6厘米，粗0.2至0.5厘米，浅褐色，内部松软。孢子呈不规则多角形，淡锈色。褶侧囊体梭形。

生态习性

夏秋季在林中地上成群生长。

分布地区

河北、江苏、四川、云南、青海、新疆、吉林等地。

中毒症状

误食中毒主要产生恶心、呕吐、腹泻等胃肠道症状。严重者会有生命危险，曾在四川等地发生过中毒事例。

茶褐丝盖伞

形态特征

子实体较小。菌盖顶部茶褐色，边缘色浅。菌盖直径可达5厘米，初期钟形或斗笠形，后伸展中部凸起，表面有纤毛和放射状线条，往往边缘开裂。菌肉污白色。菌褶朽叶色，边缘污白色，密，弯生，不等长。菌柄圆柱形，长4.5至5.5厘米，粗0.4至0.5厘米，幼时污白色，后呈淡褐色，上部色浅，纤维质，表面有丝光，基部膨大。孢子印

茶褐丝盖伞

锈色。孢子淡黄褐色，椭圆形至卵圆形，壁较厚。褶缘囊体短棒状。

生态习性

夏秋季在林中地上单生或散生。

分布地区

河北、山西、吉林、四川、新疆、香港、云南、内蒙古、西藏等地。

中毒症状

中毒同裂丝盖伞，产生神经精神型症状。

淡紫丝盖伞

形态特征

子实体小。淡紫色或淡紫褐色。菌盖幼时锥形或钟形，开伞后近平展，中部凸起，直径1.5至3.5厘米，表面光滑或有丝状纤毛，淡紫色变紫褐色，顶部浅土黄色，边缘有不明显条棱。有时开裂。菌肉淡紫色。菌褶弯生，不等长。菌柄较细长，基部稍膨大，长4至6厘米，粗0.2至0.5厘米，扭转，质脆，表面污白至淡紫色，老后空心。菌柄上有丝膜而不成膜质菌环，菌褶紫变灰褐至褐锈色。孢子印锈色。孢子淡锈色，光滑。椭圆形或卵圆形或近肾形。褶缘囊体棍棒状至袋状，丛生在一起。

淡紫丝盖伞

生态习性

夏秋季在云杉林地上成群或成丛生长。

分布地区

目前仅见于四川、吉林、黑龙江等。

中毒症状

此菌含毒蝇碱，食后产生神经精神中毒。

多毛丝盖伞

形态特征

子实体较小。菌盖直径2至6厘米，带红

褐色，初期钟形，后扁半球形至近平展，中部凸起，被平伏纤毛鳞片。菌肉白色，变红色。菌褶初期淡灰褐色，后呈褐色，褶边沿白色，直生，不等长，密。菌柄圆柱形，长5至10厘米，粗0.6至1厘米，呈肉红色，表皮有小纤毛状鳞片，基部稍膨大，内部实心至松软。孢印褐色。孢子光滑，椭圆形，浅褐色。褶缘囊体梭形至近棒状。

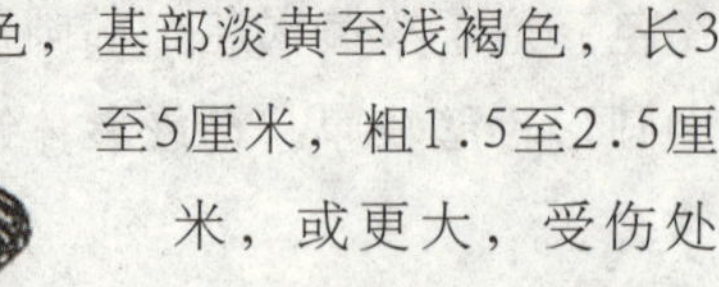

多毛丝盖伞

生态习性

秋季生阔叶或针叶林中地上，单生或群生。

细网牛肝菌

形态特征

子实体较肥大。菌盖污白至浅褐色。菌盖直径6至9.5厘米，近球形后变半球形，初期有细绒毛后变光滑，边缘内卷。菌肉厚，近白色或部分带黄色，损伤后变为蓝色。菌柄短粗，中部以上有红色细网纹，上部黄色，中部玫瑰红色，基部淡黄至浅褐色，长3至5厘米，粗1.5至2.5厘米，或更大，受伤处变为蓝色。菌管层离生，管口小，幼时黄色，后呈红色，受伤后变为蓝色。孢子印青褐色。孢子橄榄褐色，椭圆形或长椭圆形，光滑，管侧囊体瓶状或近纺锤形。

生态习性

夏秋季在林中地上单生或群生。

分布地区

云南、四川等地。

中毒症状及经济用途

四川一些地区群众反应食后口、舌、喉部麻木，胃部难受。据报道中毒后头晕、胃痉挛甚至吐血。特别生食有

细网牛肝菌

更明显的胃肠道病症。此菌试验抗癌，对小白鼠肉瘤180和艾氏癌的抑制率均为100%。

白绒鬼伞

形态特征

子实体细弱，较小。菌盖初期圆锥形至钟形，后渐平展，薄，直径2.5至4厘米，初期有白色绒毛，后渐脱落，变为灰色，并有放射状棱纹达菌盖顶部，边缘最后反卷。菌肉白色，膜质。菌褶白色，灰白色至黑色，离生，狭窄，不等长。菌柄细长，白色，长可达10厘米，粗0.3至0.5厘米，质脆，有易脱落的白色绒毛状鳞片，柄中空。孢子椭圆形，黑色，光滑。褶侧囊体大，袋状。

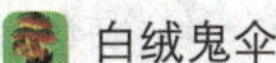

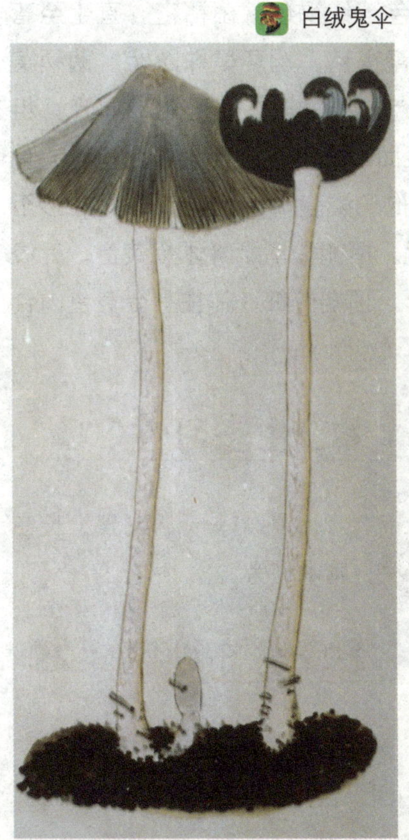

白绒鬼伞

生态习性

生长在肥土上或林地上。

分布地区

黑龙江、吉林、辽宁、河北、新疆、广西、四川、云南、内蒙古、青海、广东等地。

中毒症状

含抗癌活性物质，对小鼠肉瘤180和艾氏癌抑制率分别为100%和90%。此菌可应用于生物遗传、教学研究材料。

窝柄黄乳菇

形态特征

子实体中等至较大。菌盖直径5至19厘米，半球形，渐扁平，后呈漏斗形；盖面湿时黏，暗土黄色，常带浅橄榄色，有暗色同心环纹或环纹不明显，有毛状鳞片，中部少或光滑，近边缘呈密丛毛状；盖缘初时内卷，后平展或稍向上翘，有长而密的软毛。菌肉白色，致密，伤后很快变为硫磺色，苦辣。乳汁丰富，白色，很快变为硫磺色。菌褶延生，密，近柄处分叉，初时白色或浅黄色，伤或老后变暗。菌柄长3至4厘米，粗1至3厘米，湿时黏，等粗，与盖面同色或稍浅，中实，后中空，表面有明显凹窝。孢子球形，直径7至8微米，在Melzer液中镜下可见到刺点；孢子印黄色。囊状体少，圆柱形少，圆柱形。

生态习性

夏秋季在混交林或针叶林地上成群或分散生长。

分布地区

吉林、黑龙江、江苏、云南、山西、四川、青海、甘肃、内蒙古、西藏等地。

中毒症状

味苦辣，据记载有毒，四川群众反映有毒，黑龙江曾发生多人中毒，西藏产区视为毒菌，故不宜采食。该菌子实体含有橡胶物质，有可能利用来合成橡胶。与高山松、云杉、冷杉，落叶松等形成菌根。

簇生黄韧伞

形态特征

菌体较小，黄色。菌盖直径3至5厘米，初期半球形，开伞后平展，表面硫磺色或玉米黄色，中部锈褐色至红褐色。菌褶密，直生至弯生，不等长，青褐色。菌环呈蛛网状。菌柄黄色而下部褐黄色，纤维质，长可达12厘米，粗可达1厘米，表面附纤毛，内部实心至松软。孢子印紫褐色。孢子淡紫褐色，光滑，椭圆形至卵圆形。褶侧和褶缘囊体金黄色，近梭形，顶端较细，往往有金黄色内含物。

生态习性

夏秋季成丛成簇生长在腐木桩旁。

分布地区

河北、黑龙江、吉林、江苏、安徽、山西、台湾、香港、广东、广西、

窝柄黄乳菇

湖南、河南、四川、云南、西藏、青海、甘肃、陕西等地。

中毒症状及经济用途

此菌有毒，主要引起呕吐、恶心、腹泻等胃肠道病症，严重者会引起死亡。在日本视为猛毒类毒菌。试验抗癌，对小白鼠肉瘤180抑制率为80%，对艾氏癌的抑制率为90%。此菌往往是木耳、香菇段木上的“杂菌”，同样生木耳段木上。

簇生黄韧伞

钟形花褶伞

形态特征

子实体小。菌盖小，近圆锥形或钟形，开伞后扁半球形，中部稍凸，直径3厘米左右，表面黏，常具光泽，蛋壳色至褐灰色或带红色，边缘色浅，干燥时顶部常龟裂，尤其盖缘初期附有污白色菌幕残片。菌肉近似盖色，薄。菌褶稍密、直生，有灰、黑相间的花斑，褶缘近白色，不等长。菌柄长6至20厘米，粗0.2至0.4厘米，上部有纵条纹，基部色较深，内部空心。孢子印黑色。孢子黑色、光滑，柠檬形。褶缘囊体圆柱形，常弯曲。

生态习性

春至秋季在粪上或肥土上单生或群生。

分布地区

河北、山西、吉林、四川、甘肃、广东、云南、西藏等地。

中毒症状

误食此种产生精神错乱，跳舞、歌唱、大笑及幻觉反应。含光盖伞辛，也有记载含毒蝇碱。5-羟色胺serotonin等生物碱。

钟形花褶伞

花褶伞

形态特征

子实体小。菌盖小，半球形至钟形。菌盖直径3厘米左右，烟灰色至褐色，顶部蛋壳色或稍深。有皱纹或裂纹，干时有光泽，边缘附有菌幕残片，后期残片往往消失。菌肉污白色。菌褶稍密，直生，不等长，灰色，常因孢子不均匀成熟或脱落，出现黑灰相间的花斑。菌柄长可达16厘米，粗达0.2至0.6厘米，上部有白色粉末，下部浅紫，往往扭曲，内部空心。孢子光滑，黑色，柠檬形。褶缘囊体近圆柱形或棍棒状。

生态习性

春至秋季在牛、马粪或肥沃的地上成群生长。

分布地区

吉林、河北、山西、内蒙古、四川、江苏、浙江、上海、湖南、香港、贵州、青海、广东、广西等地。

中毒症状

此种中毒后一般无胃肠道反应。发病较快，主要表现为精神异常、跳舞唱歌、狂笑，产生幻视，有的昏睡或讲话困难。其毒素为光盖伞辛(psilocin)等。由于中毒后引起跳舞、大笑，故群众称作舞菌或笑菌。生长在粪上又名粪菌。北方通称“狗尿苔”。

花褶伞

含苷类有毒植物

夹竹桃

常绿大灌木，高达5米，含水液，无毛。叶3至4枚轮生，在枝条下部为对生，窄披针形，长11至15厘米，宽2至2.5厘米，下面浅绿色；侧脉扁平，密生而平行。聚伞花序顶生；花萼直立；花冠深红色，芳香，重瓣；副花冠鳞片状，顶端撕裂。蓇葖果矩圆形，长10至23厘米，直径1.5至2厘米；种子顶端具黄褐色种毛。

原产伊朗，现广植于热带及亚热带地区；我国各省区均有栽培。茎皮纤维为优良混纺原料，又可提制强心剂；根及树皮含有强心苷和酞类结晶物质及少量精油；茎叶可制杀虫剂，其茎、叶、花朵等都有毒，它分泌出的乳白色汁液含有一种叫夹竹桃苷的有毒物质，误食会中毒。

夹竹桃

生长环境：全系栽培，多见于公园、厂矿、行道绿化。各地庭园常栽培作观赏植物。

夹竹桃的叶长得很有意思。三片叶子组成一个小组，环绕枝条，从同一个地方向外生长。夹竹桃的叶子是长长的披针形，叶的边缘非常光滑，叶子上主脉从叶柄笔直地长到叶尖，众多支脉则从主脉上生出，横向排列得整整齐齐。

夹竹桃的叶上还有一层薄薄的“蜡”。这层蜡替叶保存水分、保存温度，使植物能够抵御严寒。所以，夹竹桃不怕寒冷，在冬季，照样绿姿不改。

夹竹桃的花有香气。花集中长在枝条的顶端，它们聚集在一起好似一把张开的伞。夹竹桃花的形状像漏斗，花瓣相互重叠，

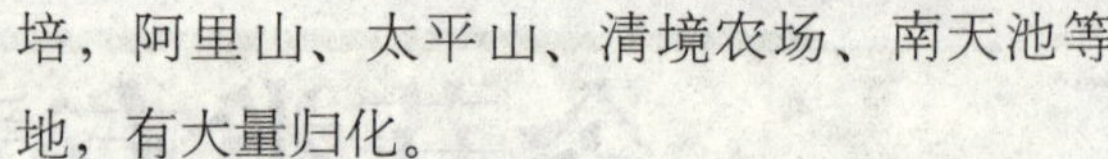

有红色和白色两种，其中，红色是它自然的色彩，“白色”是人工长期培育造就的新品种。

毛地黄

别称

洋地黄、指顶花、金钟、心脏草、毒药草、紫花毛地黄、吊钟花。

产地分布

欧洲原产，台湾各地零星栽培，阿里山、太平山、清境农场、南天池等地，有大量归化。

生长习性

较耐寒、较耐干旱、耐瘠薄土壤。喜阳且耐荫，适宜在湿润而排水良好的土壤上生长。

名字由来

毛地黄是典型的归化植物，他的故乡远在西欧温带地区，而它为何被叫毛地黄呢？是因为它有着布满茸毛的茎叶及酷似地黄的叶片，因而得毛地黄之名；又因为它来自遥远的欧洲，因此又称为“洋地黄”。

形态特征

毛地黄为二年生或多年生草本植物。茎直立，少分枝，全株被灰白色短柔毛和腺毛。株高60至120厘米。叶片卵圆形或卵状披针形，叶粗糙、皱缩、叶基生呈莲座状，叶缘有圆锯齿，叶柄具狭翅，叶形由下至上渐小。顶生总状花序长50至80厘米，花冠钟状长约75厘米，花冠蜡紫红色，内面有浅白斑点。萌果卵形，花期6月～8月，果熟期8月～10月，种子极小。同属植物约25种。人工栽培品种有白、粉和深红色等，一般分为白花自由钟，大花自由钟，重瓣自由钟。

毛地黄

毒性

地黄的花

洋地黄为重要的强心药，可兴奋心肌，增强心肌的收缩力，改善血液循环，或直接抑制心内传导系统，使心率减慢，主治慢性充血性心力衰竭，对心脏性水肿有显著利尿消肿作用，但行积蓄作用，用时须注意。由于洋地黄类药物的治疗量与中毒量之间距离很小（一般认为治疗剂量约为中毒量的60%，为致死量的10%～20%）故很容易中毒。全株有毒，药用，有强心之效。

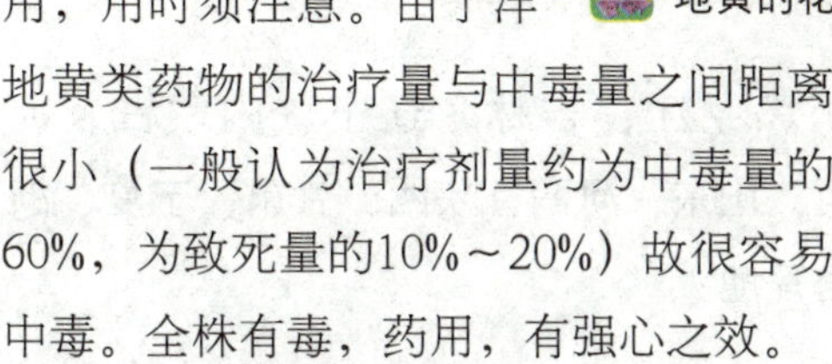

中毒表现

首先在肠胃道引起食欲不振，恶心呕吐(胃内容物为草绿色)、厌食、流涎、腹痛腹泻，偶见出血性胃炎及胸骨下疼痛。以成年人较多见。早期的另一征像是尿少。心脏方面的症状是各种类型的心律失常并存或先后出现，如,心动过速或过缓，心律改变如过早搏动、二联律，阵发性心动过速、心室颤动，各级房室传导阻。心室颤动和心室静止是最严重的心律失常，可直接危及生命。最后发生惊厥、虚脱、昏迷等。

中毒救治

因毛地黄过量服用危及到心律不整因即刻用解毒剂或鞣酸蛋白2至5克。静脉点滴等，比照心律不整的支持性疗法。

繁殖栽培

春、夏播于疏松肥沃的土壤中，幼苗长至10厘米左右移植露地。夏季育苗应尽量创造通风、湿润、凉爽的环境。播种后要在第二年开花，而7月后播种第二年常不能开花。秋凉后生长快，冬季适当保温，6月～8月开花，至夏秋多因湿热枯死。如环境适宜其有多年生习性，冬季防寒越冬后可再度开花。老株可分株繁殖,分株宜在早春进行易活。

园林用途

适于盆栽，若在温室中促成栽培，可在早春开花。因其高大、花序花形优美，可在花境、花坛、岩石园中应用。可作自然式花卉布置。毛地黄为重要药材。

铃兰

别名

草玉玲、君影草、香水花、鹿铃、小芦铃、草寸香、糜子菜、扫帚糜子、芦藜花。

产地

铃兰原种分布遍及亚洲、欧洲及北美，特别是较高纬度，象我国东北林区和陕西秦岭都有野生。多生于深山幽谷及林缘草丛中。铃兰是一种名贵的香料植物，它的花可以提取高级芳香精油。

铃兰

形态

铃兰的花为小型钟状花，生于花茎顶端呈总状花序偏向一侧。花朵乳白色悬垂若铃串，一茎着花6到10朵，莹洁高贵，精雅绝伦。香韵浓郁，盈盈浮动，幽沁肺腑，令人陶醉。

国内分布

产于黑龙江、吉林、辽宁、内蒙古、河北、山西、山东、河南、陕西、甘肃、宁夏、浙江和湖南等地。

国外分布

朝鲜、日本至欧洲、北美洲也很常见。

铃兰有多分枝匍匐于地的根状茎。春天从根茎先端的顶芽长出2至3枚窄卵形或广披针形具弧状脉的叶片，基部有数枚鞘状膜质鳞片叶互抱，花茎从鞘状叶内抽出。入秋结圆球形深宝石红色浆果，有毒，内有种子4至6粒。是一种优良的盆栽观赏植物，通常用于花坛和小切花，亦可作地被植物，其叶常被利用做插花材料。花期一般都在初夏4至5月，果期于6月。

除了常见的白花外，变种有大花铃兰

及红花铃兰。特别是大花铃兰，在四月间会从一对深绿色长椭圆形叶子上伸出弯曲优雅的花梗，绽开清香纯白的花朵。除单瓣，更有重瓣铃兰品种。有的园艺杂种呈现斑叶，称为斑叶铃兰。

铃兰花

全草有毒，全草含铃兰毒甙、铃兰毒醇甙、铃兰毒原甙、去葡萄糖墙花毒甙、3β、5β、11α、14β-四羟基-卡烯-20(22)内酯-3α-L-鼠李糖甙、萝藦甙元-3-o-α-L-鼠李糖甙、铃兰黄酮甙、3′、4′、5，7-四羟基黄酮醇-3-β-D-半乳糖甙、3′、4′、5、7-四羟基黄烷醇，以及万年青皂甙元与异万年青皂甙元。

花含铃兰毒甙0.02%、铃兰毒醇甙、铃兰皂甙A、铃兰皂甙B、葡萄糖铃兰皂甙A、葡萄糖铃兰皂甙B、铃兰皂甙C、铃兰皂甙D、去葡萄糖墙花毒甙、白屈菜酸。叶含铃兰毒甙0.037%。

箭毒羊角拗

灌木，高达3米，有乳汁。枝条密被粗硬毛。叶椭圆状长圆形或椭圆形，长5至20厘米，宽2.5至8厘米，顶端短渐尖，幼时密被粗硬毛，老渐无毛。聚伞花序顶生，密被粗硬毛；萼片长圆形，渐尖；花冠黄色，花冠裂片延长成一长尾带状，长达18厘米，宽1至1.5毫米，下垂；副花冠裂片着生于花冠筒喉部，具有紫色斑点；心皮被长柔毛，花柱丝状，柱头棍棒状。蓇葖果木质，披针形，叉生成直线，长达54厘米，

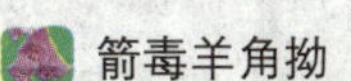
箭毒羊角拗

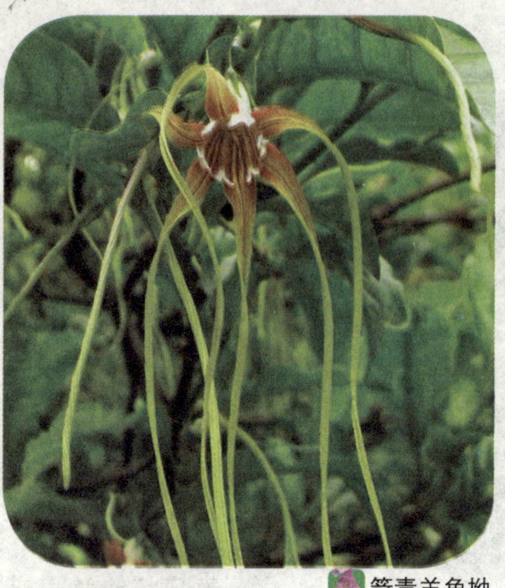
箭毒羊角拗

直径3厘米，顶端叉开；外果皮密被灰白色斑点；种子线状披针形，种皮被金黄色柔毛，顶端有长喙，沿喙密被白色绢质种毛，种毛长达5厘米。花期春夏季，果期秋冬季。

西双版纳栽培。原产非洲南部。广西、广东有引种栽培。

植株有大毒，尤以种子和乳汁毒性更烈。种子可作箭毒药和强心剂及利尿剂。

毒箭树

毒箭树亦称“见血封喉”，落叶乔木，分布于广西、海南等地，高20至25米，叶卵状椭圆形，果实肉质呈紫红色，其液汁有毒。树干呈灰色，有泡沫状疙瘩，树叶细而密集。最出奇的是它板状的根部，如火箭尾部的翼片般支撑着硕大的树干。细看，“见血封喉”的叶脉明显，叶面较为粗糙，叶柄上还带有细细的茸毛。“见血封喉”生长集中的广东湛江和海南等地，当地人都把它叫做“鬼树”。“见血封喉”的毒液成分是见血封喉甙，具有加速心律、增加心血输出量的作用，在医药学上有研究价值和开发价值。

高粱

高粱，禾本科，高粱属。1年生草本。秆实心，中心有髓。分蘖或分枝。叶片似玉米，厚而窄，被蜡粉，平滑，中脉呈白色。圆锥花序，穗形有带状和锤状两类。颖果呈褐、橙、白或淡黄等色。种子卵圆形，微扁，质黏或不粘。性喜温暖，抗旱、耐涝。按性状及用途可

毒箭树

分为食用高粱、糖用高粱、帚用高粱等类。我国栽培较广，以东北各地为最多。谷粒供食用、酿酒（高粱酒）或制饴糖。糖用高粱的秆可制糖浆或生食；帚用高粱的穗可制扫帚；嫩叶及幼苗含有羟氰苷，在胃内能形成剧毒的氢氰酸，必须阴干青贮，或晒干后才能搭配作饲料；颖果能入药，能燥湿祛痰，宁心安神。

高粱

木薯

木薯在植物分类学上属双子叶植物纲、蔷薇亚纲、大戟目、大戟科、木薯属植物，属内有150多个种，其中仅木薯（Manihot esculenta crantz）为唯一的栽培种，别名木蕃薯，树薯。木薯及其亲缘种都是低地的热带灌木，起源于热带美洲。

形态特征

茎直立，圆形，木质，外皮灰白色、银绿色、淡褐色、深褐色、赤黄色或暗红色，有蜡质；内皮绿色，嫩茎五棱形，具帽状叶迹，茎上有突起的叶痕和芽点，茎是无性繁殖的种植材料。株高1至5米茎粗1至6厘米，顶端常成三叉式分枝，分叉角度因品种不同而不同，株形分为直立（不分叉）、伞形、圆柱形、紧凑和分散，一般为伞形。

单叶互生，掌状深裂，裂片5至13片，一般为7至9片，纸质，宽大，裂片的形状有披针形，椭圆形，小提琴形和线形等，有托叶两枚，分生于叶柄两旁，裂片状或锯齿状；叶柄细长，基部约30厘米，呈圆形，多为红色、紫红色和黄绿色等，脱落后在茎上留有突起的痕迹，呈半圆形、圆形或马蹄形等。

单性花，圆锥花序，顶生，雌雄同序。雌花着生于花序基部，浅黄色或带紫红色，柱头三裂，子房三室，绿色。雄花着生于花序上部，吊钟状，植后3至5个月开始开花，同序的花，雌花先开，雄花后开，相距7至10天。木薯果为蒴果，矩圆形，内含种子三粒，成熟时自行

木薯根

爆裂弹出种子。种子扁长，似肾状，种皮坚硬，褐色或灰褐色，光滑带黑色斑纹。

根有细根、粗根和块根。块根肉质，圆锥形或圆柱形，富含淀粉，为木薯的经济产物。但因木薯中含有木薯配糖体遇水在其特殊酶的作用下，水解出氢氰酸，所以生食或处理不当吃后即可发生木薯中毒。小儿比成人更易中毒。

杏树

蔷薇科乔木，普遍栽培于世界温带地区。鲜果可生食，也可制成果酱、罐头、杏干等。树大，树冠开展，叶阔心形，深绿色，直立着生于小枝上。花盛开时白色，自花授粉。短枝每节上生一个或两个果实，果圆形或长圆形，稍扁，形状似桃，但少毛或无毛。果肉艳黄或橙黄色。果核表面平滑，略似李核，但较宽而扁平，多有翅边。有的品种核仁甜，有的则有毒。

有毒的杏仁中含苦杏仁甙及苦杏仁酶，内服后，苦杏仁甙可被酶水解产生氢氰酸和苯甲醛，普通1克杏仁约可产生2.5毫克氢氰酸。氢氰酸是剧毒物质，人的致死量大约0.05克（氰化钾约为0.2至0.3克），苯甲醛可抑制胃蛋白酶的消化功能，成人服苦杏仁约50至60个，小儿7至10个即可致死，致死原因主要为组织窒息，苦杏仁久贮，苦杏仁甙含量可减少，同时服糖，毒性可降低。关于杏

木薯苗

杏

仁中毒的报道不少，主要症状为呼吸困难，抽搐，昏迷，瞳孔散大，心跳速而弱，四肢冰冷，急救必须争取时间，立即口服活性炭或过锰酸钾（1:1000）或硫代硫酸钠（5%），尽快洗胃，并吸入亚硝酸异戊酯，静脉注射亚硝酸钠（3%10ml），随后注射硫代硫酸钠（25%50ml），及其他对症治疗如人工呼吸，输血等，有人认为服用小量杏仁，在体内慢慢分解，逐渐产生微量的氢氰酸，不致引起中毒，而呈镇静呼吸中枢的作用，因此能使呼吸运动趋于安静而有镇咳平喘的功效。

皂荚

形态特征

落叶乔木，高达15至30米，树干皮灰黑色，浅纵裂，干及枝条常具刺，刺圆锥状多分枝，粗而硬直，小枝灰绿色，皮孔显著，冬芽常叠生，一回偶数羽状复叶，有互生小叶3至7对，小叶长卵形，先端钝圆，基部圆形，稍偏斜，薄革质，缘有细齿，背面中脉两侧及叶柄被白色短柔毛，杂性花，腋生，总状花序，花梗密被绒毛，花萼钟状被茸毛，花黄白色，萼瓣均4数。荚果平直肥厚，长达10至20厘米，不扭曲，熟时黑色，被霜粉，花期5月～6月，果熟9月～10月。

产地习性

原产中国长江流域，分布极广，自中国北部至南部及西南均有分布。多生于平原、山谷及丘陵地区。但在温暖地区可分布在海拔1600米处。

杏仁

生态习性

性喜光而稍耐荫，喜温暖湿润气候及深厚肥沃适当湿润土壤，但对土壤要求不严，在石灰质及盐碱甚至黏土或砂土均能正常生长。皂荚的生长速度慢但寿命很长，可达六七百年。属于深根性树种。需要6至8年的营养生长才能开花结果。但是其结实期可长达数百年。花期4月～5月；果熟期10月。

繁殖

播种繁殖。冬季混沙贮藏，翌年春季温床催芽。

园林用途

皂荚冠大荫浓，寿命较长，非常适宜作庭荫树及四旁绿化树种。另外、皂荚果实富含胰皂质，故可以煎汁代替肥皂使用；种子榨油可作润滑剂及制肥皂，药用有治癣及通便之功效；皂刺及荚果均可药用；叶、荚煮水还可杀红蜘蛛。皂荚木材坚硬，耐腐耐磨，但易开裂，而且新伐材有很浓郁的气味，因此只可以做家具，建筑中的柱与桩，器物上的把与柄等。

同属常见种

1．山皂荚：其主要特征为小枝灰绿色，无毛，分枝状刺，但微压扁，黑棕色。一回羽状复叶，有小叶6至22枚，缘具细圆锯齿。雌雄异株，荚果条形，纸质、棕黑色、扭曲，长达20至30厘米。

2．日本皂荚：近似山皂荚，与山皂荚的主要区别为本种小枝绿褐色至赤褐色。小叶较山皂荚明显大而厚，新枝上叶多呈二回羽状复叶，荚果长而扁圆平、扭曲、且有泡状隆起。

3．猪牙皂：本种近似皂荚，干皮深灰黑色，纵裂较深，刺单一或分枝，呈圆锥状，赤褐色，

皂 荚

皂荚树

常见在老枝分叉处密集生长，小枝灰色，皮孔显著，一回偶数羽状复叶，有小叶6至16枚，缘具不规则细锯齿，小叶柄深褐色密被茸毛。荚果两型：小果镰刀状，肥厚无种子；大果扁平、直或略弯，有种子数粒。大、小果均具长喙。熟后红棕色被霜粉。山东邹县特产树种，荚果可人药。

4.野皂荚：多为灌木，树皮灰色。多二分枝刺，细而短。当年生枝密被灰黄色短柔毛，一或二回羽状复叶，叶片较小，长仅0.8至1.2厘米，腋生或顶生穗状花序，花白色，荚果具长柄，长椭圆形，扁而薄，具喙尖，熟后红褐色，有种子1至3粒，多用作绿篱。

皂荚为中国植物图谱数据库收录的有毒植物，其毒性为豆荚、种子、叶及茎皮有毒。人口服200克皂荚的水煎剂可中毒死亡。于服后10分钟出现呕吐，2小时后腹泻，继之痉挛、神志昏迷、呼吸急促，8小时后死亡。尸检可见脑水肿充血，内脏黏膜充血、水肿呈毒血症及缺氧症。小鼠腹腔注射17克／千克种子的乙醇提取物出现活动减少、安静伏地，死亡。

万年青

形态与习性

形态特征：多年生宿根常绿草本。根状茎较粗短，节处有须根。叶基部丛生，矩圆披针形，革质有光泽。穗状花序顶生，花小而密集，花被球状钟形，白绿色，花期6月～8月。浆果球形，未成熟时绿色，成熟后红色，经冬不落。万年青的叶和根状茎有小毒。

产地

万年青原产于我国和日本。在我国分布较广，华东、华中及西南地区均有，主要产地有浙江、江西、湖北等地。

生境习性

喜在林下潮湿处或草地中生长。性喜半荫、温暖、

万年青

湿润、通风良好的环境，不耐旱，稍耐寒；忌阳光直射、忌积水。一般园土均可栽培，但以富含腐殖质、疏松透水性好的微酸性砂质土壤最好。

福寿草

侧金盏花多年生草本。根茎短而粗，簇生黑褐色须根。

茎绿色或带紫堇色，在开花时高5至15厘米，其后高达30至40厘米，有时下部分枝，近基部具数个淡褐色或白色的膜质鞘。

叶在花后长大，下部叶具长柄，无毛；叶片三角形，3回羽状全裂，1回裂片2至3对，末回裂片狭卵形至披针形，具短尖。

花单个顶生，径约3厘米；萼片约9片，白色或淡紫色，狭倒卵形，与花瓣近等长；花瓣约10瓣，黄色，矩圆形或倒卵状矩圆形，长1.2至2.2厘米，宽3至8毫米；雄蕊多数；心皮多数，子房被微柔毛。

瘦果倒卵形，宿存花柱弯曲。花期4月～5月。生于疏林下或阴湿山坡的灌木丛中。分布东北等地。

此外，新疆地区尚有同属植物福寿草亦同等入药。

根含强心苷、非强心苷和香豆精类物质。

强心苷有：加拿大麻苷、加拿大麻醇苷、黄麻属苷A、铃兰毒苷、K-毒毛旋花子次苷-β、索马林等。

春侧金盏花中毒可出现恶心、呕吐、嗜睡，以及室性异位搏动二联律。

福寿草

含生物碱类有毒植物

曼陀罗

曼陀罗广泛分布于世界温带至热带地区，我国各省区均产。曼陀罗又叫洋金花、大喇叭花、山茄子等，多野生在田间、沟旁、道边、河岸、山坡等地方，原产印度。

在热带为木本或半木本，在温带地区为一年生直立草本植物。单叶互生，花两性，花冠喇叭状，五裂，多少唇形，有重瓣者；雄蕊5，全部发育，插生于花冠筒；心皮2，2室；中轴胎座，胚珠多数。蒴果。花萼在果时近基部环状断裂，仅基部宿存。

茎粗壮直立，株高50至150厘米，全株光滑无毛，有时幼叶上有疏毛。上部常呈二叉状分枝。叶互生，叶片宽卵形，边缘具不规则的波状浅裂或疏齿，具长柄。脉上生有疏短柔毛。花单生在叶腋或枝叉处；花萼5齿裂筒状，花冠漏斗状，长7至10厘米，筒部淡绿色，上部白色；花冠带紫色晕者，为紫花曼陀罗。花期夏、秋季。播种法繁殖。蒴果直立，表面有硬刺，卵圆形。种子稍扁肾形，黑褐色。茎直立、粗壮，主茎常木质化。叶宽卵形，边缘有规则波状浅裂，基部常歪斜。

全株有剧毒，以果实特别是种子毒性最大，嫩叶次之。干叶的毒性比鲜叶小。其叶、花、籽均可入药，味辛性温，药性镇痛麻醉、止咳平喘。主治咳逆气喘、面上生疮、脱肛及风湿、跌打损伤，还可作麻药。三国时著名的医学家华佗发明的麻沸散的主要有效成分就是曼陀罗。

曼陀罗中毒为误食曼陀罗种子、果实、叶、花所致，其主要成分为山莨菪碱、阿托品及东莨菪碱等。上述成分具有兴奋中枢神经系统，阻断M－胆碱反应系统，对抗和麻痹副交感

曼陀罗

神经的作用。临床主要表现为口、咽喉发干，吞咽困难，声音嘶哑、脉快、瞳孔散大、谵语幻觉、抽搐等，严重者进一步发生昏迷及呼吸、回圈衰竭而死亡。

颠茄

茄科颠茄属中的一个种，多年生草本植物。全草可入药。原产欧洲中、南部及小亚细亚。20世纪30年代引进中国。浙江、北京、上海、山东等地有栽培。

株高1至1.2米。叶互生，叶片广卵圆形或卵状长圆形，全缘，叶表面呈蝉绿色，背面灰绿色。花冠钟状，淡紫褐色。浆果球形，成熟时黑紫色。种子多数，褐色，小而扁，呈肾形。花期6月至8月。果熟期8月至10月。其叶和根有毒。

喜温暖湿润气候，怕寒冷，忌高温，以20℃～25℃的气温下生长快，超过30℃生长慢。雨水多，易罹根病。

颠茄

全草含脂类生物碱，以莨菪碱（Hyoscyamine）为主，并含有东莨菪碱（Scoplamine或Hyoscine）、颠茄碱（Belladonine），以及去水阿托品（Atropamine）。有止咳平喘，解痉止痛，放大瞳孔的作用。

天仙子

即莨菪。藏语称“莨菪泽”。为茄科植物。

一年或二年生草本，高30至70厘米，全体被有黏性腺毛和柔毛。基生叶大，丛生，成莲座状，茎生叶互生，近花序的叶常交叉互生，呈2列状；叶片长圆形，长720厘米，边缘羽状深裂或浅裂。花单生于叶腋，常于茎端密集；花萼管状钟形；花冠漏斗状，黄绿色，具紫色脉纹；雄蕊5，不等长，花药深紫色；子房2室。蒴果卵球形，直径1.2厘米，盖裂，藏于宿萼内。全株有毒。

花期6月～7月，果期8月～9月。

生于林边、田野、路旁等处，有少量栽培。主产于内蒙古、河北、河南及东北、西北诸省区。

天仙子

种子入药，有毒，具有解痉、止痛、安神、杀虫的作用。藏医用来治疗鼻疳、梅毒、头神经麻痹、虫牙等。内服慎重。经药理实验提示天仙子可抑制腺体分泌，对活动过强或痉挛状态的平滑肌有弛缓作用，并有扩大瞳孔、解除迷走神经对心脏的抑制而使心率加速的作用，曾用它制作654注射液，利用天仙子的药用成分，为患者服务。

乌头

分布地区

我国辽、豫、鲁、甘、陕、浙、赣、皖、湘、鄂、川、滇、贵各省区都有分布。

释名

乌头这个名称一般指的是川乌头，还有草乌头，中药学上一般指的是野生种乌头和其他多种同属植物，比如北乌头（蓝乌拉花）、太白乌头（金牛七）等。

概述

为毛莨科植物，母根叫乌头，为镇痉剂，治风庳，风湿神经痛。侧根（子根）入药，叫附子。有回阳、逐冷、祛风湿的作用。治大汗之阳、四肢厥逆、霍乱转筋、肾阳衰弱的腰膝冷痛、形寒爱冷、精神不振，以及风寒湿痛、脚气等症。主产于四川、陕西。目前云南、贵州、河北、湖南、湖北、江西、甘肃等省有栽培。

乌头含有多种生物碱，次乌头碱、新乌头碱、乌头碱、川乌碱甲、川乌碱乙（卡米查林）、塔拉胺等。

形态特征

多年生草本。其根有毒。块根通常2至3个连生在一起，呈圆锥形或卵形，母根称乌头，旁生侧根称附子。外表茶褐色，内部乳白色，粉状肉质。茎高100至130厘米，叶互生，革质，卵圆形，有柄，掌状2至3回分裂，裂片有缺刻。立秋后于茎顶端叶腋间开蓝紫色花，花冠像盔帽，圆锥花序；萼片5，花瓣2。蓇葖果长圆形，由3个分裂的子房组成。种子黄色，多而细小。花期6月～7月。果熟期7月～8月。

生长特性

喜温暖湿润气候。适应性很强，海拔2000米左右均可栽培，不退化。在土层深厚、疏松、肥沃、排水良好的沙壤上栽培。阳光充足的高平地种植，前茬作物水稻、玉米、蔬菜、小麦为好。忌连作，否则品种退化，选向阳较瘠薄的沙壤土育种为好，块根健壮，支根细，作种栽。植株生长良好，少病害，产量高，质量好。

乌头

毒芹

毒芹

又名野芹菜、白头翁、毒人参，芹叶钩吻，斑毒芹。为多年生草本植物，形态似芹菜。常因误食中毒。株高50至120厘米；根茎粗短，笋形或球形，节间相接，内部有横隔，不定根多数，肉质，黄色；茎粗，中空。叶为2至3或4回羽状复叶，羽片边缘有锯齿；基生叶及茎下部的叶有长柄，基部扩展成鞘状。复伞形花序，花白色。双悬果卵球形，有黄色粗棱。花期7月～8月，果期8月～9月。

生长在潮湿地方。叶像芹菜叶，夏天开折花，全棵有恶臭。全棵有毒，花的毒性最大，吃后恶心、呕吐、手脚发冷、四肢麻痹，严重的可造成死亡。主要有毒成分为毒芹碱、甲基毒芹碱和毒芹毒素。毒芹碱的作用类似箭毒，能麻痹运动神经，抑制延髓中枢。人中毒量为30至60毫克，致死量为120至150毫克；加热与干燥可降低毒芹毒性。毒芹毒素主要兴奋中枢神经系统。

中毒表现：误服进食30至60分钟后出现口咽部烧灼感，流涎、恶心、呕吐、腹痛、腹泻、四肢无力、站立不稳、吞咽及说话困难、瞳孔散大、呼吸困难等。严重者可因呼吸麻痹死亡。呕吐物有特殊臭味。

紧急处理：立即用手法或药物催吐，催吐后给口服活性炭50克。多饮水。进食量较大或虽进食量小但出现中毒表现者应尽快到医院就诊。

中毒预防：不要采摘、食用不明成分的野生植物。毒芹分布地区人们要学会鉴别食用芹菜和毒芹。

毒芹的活性成分是一种被叫做毒芹碱的生物碱，据说这个化合物是使古希腊哲学家苏格拉底致死的原因。

雷公藤

别名黄藤根、黄药、水莽草、断肠草、菜虫药、南蛇根、三棱花、旱禾花、黄藤木、红药、红紫根、紫藤草。

为卫茅科植物的雷公藤，根有毒，生于背阴稍肥的山坡、山谷、灌木林中，夏秋季采集晒干供药用，产于浙江、湖南、江西、安徽、广东、福建、台湾等地。

雷公藤

雷公藤根含生物碱类、二萜类，如雷公藤甲素、雷公藤春碱、雷公藤次碱等。

槟榔

槟榔乔木，高10至18米，不分枝，叶脱落后形成明显的环纹。

叶在顶端丛生；羽状复叶，长1.3至2米，光滑，叶轴3棱形，小叶披针状线形或线形，长30至70厘米，宽2.5至6厘米，基部较狭，先端小叶愈合，有不规则分裂。

花序着生于最下一叶的叶基部，

槟榔

有佛焰苞状大苞片，长倒卵形，长达40厘米，光滑，花序多分枝；花单性，雌雄同株；雄花小，多数，无柄，紧贴分枝上部，通常单生，很少对生，花萼3，厚而细小，花瓣3，卵状长圆形，长5至6毫米，雄蕊6，花丝短小，花药基着，退化雌蕊3，丝状；雌花较大而少，无柄，着生于花序轴或分枝基部，花萼3，长圆状卵形，长12至15毫米。

坚果卵圆形或长圆形，长5至6厘米，花萼和花瓣宿存，熟时红色。每年二次开花，花期3月～8月，冬花不结果。果期12月至翌年2月。

分布广西、云南、福建、广东等地。

已证明槟榔中含有对人的致癌质。过量槟榔碱引起流涎、呕吐、利尿、昏睡及惊厥。

槟榔树

平时嚼食槟榔者有味觉减退，食欲增进，牙齿易动摇，腹泻少，咽痛者也少并可治腹痛，可能是由于其中含有大量鞣质之故。

槟榔含生物碱0.3%–0.6%，缩合鞣质15%，脂肪14%及槟榔红色素。

生物碱主为槟榔碱，含量0.1%–0.5%；其余有槟榔次碱、去甲基槟榔次碱、去甲基槟榔碱、槟榔副碱、高槟榔碱等。

罂粟

罂粟的外观

一年生或二年生草木，株高60至100厘米。茎平滑，被有白粉。叶互生，灰绿色，无柄，抱茎，长椭圆形。花芽常下垂，单生，开时直立，花大而美丽，萼片2枚，绿色，早落；花瓣4枚，白色、粉红色或紫色。果长椭圆形或壶状，约半个拳头大小，黄褐色或淡褐色，平滑，具纵纹。种子多数，很像死不了的种子，很小，肾形，花期4月至5月，果期6月至8月。

罂粟的产地

原产于地中海东部山区、小亚细

亚、埃及、伊朗、土耳其等地，公元7世纪时由波斯地区传入中国。

现在以印度与土耳其为两大主要产地；亚洲方面，以中国、泰国、缅甸边境的金三角为主要非法种植地区。

罂粟的危害

果壳(即罂粟壳)性微寒，味酸涩，有小毒，含低量吗啡等生物碱。罂粟是提取毒品海洛因的主要毒品源植物，长期应用容易成瘾，慢性中毒，严重危害身体，成为民间常说的“鸦片鬼”。严重的还会因呼吸困难而送命。它和大麻、古柯并称为三大毒品植物。所以，我国对罂粟种植严加控制，除药用科研外，一律禁植。

古柯

古柯是生长在南美洲安第斯山区的古柯科植物的叶子，主产地位于秘鲁、玻利维亚、巴西、智利和哥伦比亚等国。

古柯一般株高2.4米，叶呈卵形，边缘光滑，味似茶叶，花小，呈淡黄白色，花序生于一短柄上，浆果为红色。

当地居民一般把古柯叶放入嘴中咀嚼、或将古柯叶放入烟斗中吸食，或与大麻混合后吸食，通常是鼻吸入或借助吸烟的方式吸入其烟雾。

罂粟果

由于大剂量食用古柯叶以后吸食者会出现情绪高涨，警觉性增高，精力旺盛，判断力下降等一系列中毒症状。慢性吸毒者在耐受性增强的基础上还会出现撤药综合征，主要表现为情绪障碍、疲乏、睡眠障碍、精神运动性兴奋，严重者导致自杀。

目前，位于拉丁美洲的哥伦比亚、秘鲁、玻利维亚和巴西所在的安第斯山和亚马逊地区。这一地带总面积在20万平方千米以上，是世界上主要的古柯种植地区，

古柯果

秘鲁是世界上最大的可卡因产地，其古柯种植面积高达8万公顷以上，每年所产古柯6万吨左右。利用古柯叶提炼可卡因是秘鲁出口最大的农产品，每年可赚取外汇1亿美元。

玻利维亚年产古柯叶5万吨左右，居世界第二位。据玻利维亚官方统计，在全国600万人口中，从事古柯叶种植和加工的农民约有50万，从事古柯叶贩运和贸易的也不少于10万，每年外销古柯叶的收入一般在10亿美元左右。古柯叶大丰收的1986年，该国因种植、加工、贩卖可卡因，曾获利30亿美元，比这个国家当年的出口收入高4倍。

哥伦比亚是第三个可卡因产地，年产古柯叶1.2万吨左右,居世界第三位。

厄瓜多尔是第四个可卡因产地，年产古柯叶900吨左右,居世界第四位。

以上合计，该地区每年产古柯叶12万吨，成了世界上生产、加工、贩卖可卡因的主要基地。

该物种为中国植物图谱数据库收录的有毒植物，其毒性为叶及树皮有毒。马、牛、猫对古柯碱很敏感。马中毒时有站立不稳、兴奋、狂躁、瞳孔散大、流涎，而后脉搏及呼吸衰弱；狗中毒时兴奋、跳跃、运动失调，继之高度兴奋及全身肌肉痉挛、呼吸困难，重者延髓、脊髓及呼吸中枢麻痹而死亡。

虞美人

原产欧、亚温带大陆，世界各地多有栽培,比利时将其作为国花。如今虞美人在我国广泛栽培,以江、浙一带最多。是春季美化花坛、花境，以及庭院的精细草花，也可盆栽或切花。

一年生草本植物。虞美人株高40至60厘米，分枝细弱，被短硬毛。全株被开展的粗毛，有乳汁。叶片呈羽

古柯

虞美人

状深裂或全裂，裂片披针形，边缘有不规则的锯齿。花单生，有长梗，未开放时下垂，花萼2片，椭圆形，外被粗毛。花冠4瓣，近圆形，具暗斑。雄蕊多数，离生。子房倒卵形，花柱极短，柱头常具10或16个辐射状分枝。花径约5至6厘米，花色丰富。蒴果杯形，成熟时顶孔开裂，种子肾形，多数，千粒重0.33克，寿命3到5年。

虞美人耐寒，怕暑热，喜阳光充足的环境，喜排水良好、肥沃的沙壤土。不耐移栽，能自播。花期5月~8月。

虞美人有复色、间色、重瓣和复瓣等品种。同属相近种有冰岛罂粟（P.nudicaule）和近东罂粟（P.orientale）。冰岛罂粟为多年生草本，丛生。叶基生，羽裂或半裂。花单生于无叶的花葶上，深黄或白色。原产极地。近东罂粟属多年生草本，高60至90厘米，全身被白毛。叶羽状深裂，花猩红色，基部有紫黑色斑。原产伊朗至地中海。

虞美人花未开时，蛋圆形的花蕾上包着两片绿色白边的萼片，垂独生于细长直立的花梗上，极像低头沉思的少女。待到虞美人花蕾绽放，萼片脱落时，虞美人便脱颖而出了：弯着的身子直立起来，向上的花朵上4片薄薄的花瓣质薄如绫，光洁似绸，轻盈花冠似朵朵红云片片彩绸，虽无风亦似自摇，风动时更是飘然欲飞，原来弯曲柔弱的花枝，此时竟也挺直了身子撑起了花朵。实难想象，原来如此柔弱朴素的虞美人草竟能开出如此浓艳华丽的花朵。

虞美人花姿美好，色彩鲜艳，是优良的花坛、花境材料，也可盆栽或作切花用。用作切花者，须在椭半放时剪下，立即浸人温水中，防止乳汁外流过多，否则花枝很快萎缩，花朵也不能全开。全株可人药。但是要注意虞美人全株有毒，内含有毒生物碱，种子尤甚。误食后会引起抑制中枢神经中毒，严重可致生命危险。

虞美人

醉鱼草

形态特征

落叶灌木，高可达2米，冬芽具芽鳞，常叠生，小枝四棱形，嫩枝被棕黄色星状细毛，单叶对生，叶卵形或卵状披针形，长5至10厘米，宽2至4厘米。先端渐尖，基部楔形，全缘或有疏波状小齿，青绿色无毛，叶背疏生棕黄色星毛，叶柄很短，花两性，顶生直立穗状花序，长可达7至20厘米，花密集，花冠钟形，紫色，4裂，稍有弯曲，长约1.5厘米，径约2毫米，雄蕊4枚，不外露，花萼裂片三角形，萼、瓣均被细白鳞片，蒴果矩圆形，长约5毫米，具鳞片，种子细小，花期6月～8月，果熟10月。

醉鱼草

产地分布

主产长江流域以南各省，华北地区的河南、山东等省山地常见分布。

生态习性

喜温暖湿润气候和深厚肥沃的土壤，适应性强，但不耐水湿。

园林用途

落叶小灌木，枝繁叶茂，顶生直立穗状花序，小花密集，紫色艳丽，可丛植于甬道两侧、草坪边缘、宅旁墙角等处增添景色，唯对鱼有毒，应远离鱼池栽培。

繁育栽培

播种、分蘖、扦插、压条均可，一般每年冬季剪除地上部分，来年重新萌发。

马钱子

常绿乔木，高10至13米。叶对生，有柄；叶片广卵形，先端急尖或微凹，全缘，革质，有光泽，主脉5条，罕3条。聚伞花序顶生，花小，白色，近无梗；花萼先端5裂；花冠筒状；雄蕊5，无花丝；子房上位，花

马钱子

柱长与花冠相近。浆果球形，直径6至13厘米，成熟时橙色，表面光滑。种子3至5粒或多，圆盘形，密被银色茸毛，种柄生于一面的中央。

种子扁圆纽扣状，常一面微凹，另面稍隆起，直径1.2至3厘米，厚3至6毫米，表面灰绿色或灰黄色，密生匐伏的银灰色丝状茸毛，由中央向四周射出；底面中央有圆点状突起的种脐，边缘有微尖突的珠孔。质坚硬，平行剖面可见淡黄白色胚乳，角质状，子叶心形，叶脉5至7条。无臭，味极苦，有毒。

中毒症状：最初出现头痛、头晕、烦躁、呼吸增强、肌肉抽筋感，咽下困难，呼吸加重，瞳孔缩小、胸部胀闷、呼吸不畅，全身发紧，然后伸肌与屈肌同时作极度收缩、对听、视、味、感觉等过度敏感，继而发生典型的士的宁惊厥症状，最后呼吸肌强直至窒息而死。

马钱子植物与种子

长籽马钱

长籽马钱

为双子叶植物药马钱科植物，长籽马钱的种子味苦，寒，有大毒。种子含总生物碱2.91%，其中含番木鳖碱1.34%，此外还含马钱子碱，4－羟基－3－甲氧基士的宁，异番木鳖碱(isostrychnine)，异马钱子碱，依卡精(icajine)，马钱子新碱(novacine)，A或B可鲁比因等。

牛眼马钱

而死。根和叶子可作捕兽药，还可药用治疗跌打损伤。海南岛部分地区用其去掉种子的果肉酿酒。

牛眼马钱

形态特征

藤状灌木。除花序被毛外，余均无毛；小枝常变态成为螺旋状曲钩，钩长2至5厘米。叶对生，全缘，圆形至卵状渐尖，基脉三出，老叶草质。聚伞花序小，顶生，花冠白色或淡黄色，有香味6浆果球形，径2至3厘米，光滑，红色或橙红色。

毒性

果实、种子及木质部最毒，树皮和幼叶次之。人中毒后主要出现颈面僵硬、全身肌肉痉挛；呼吸困难；面色青紫、牙关紧闭、散瞳，继之出现角弓反张，在1至2分钟后可以缓解，如受到外界刺激则又反复发作，还有痉挛和震颤，终因昏迷、呼吸停止

化学成分

种子含柯楠型(corynsnthe)结构的生物碱牛眼马钱灵(angustoline)(51－21)、牛眼马钱亭(angustine)(51－22)、牛眼马钱啶(ongloddine)(51－23)，它们都已人工合成[66－71]。

伞花马钱

别名叫牛目椒、牛目周。

为双子叶植物药马钱科植物，分布于广东、海南岛等地。

种子含总生物碱0.17%，其中主要含番木鳖碱、马钱子碱及Diaboline等。叶含总生物碱0.09%～1.09%，有毒。

伞花马钱

钩吻

钩吻

为马钱科胡蔓藤属植物，又名胡蔓藤、断肠草、大茶藤等。

缠绕常绿藤本，枝光滑。叶对生，卵形至卵状披针形，顶端渐尖，基部渐狭或近圆形，全缘。聚伞花序顶生或腋生；花淡黄色；花冠漏斗状，内有淡红色斑点。蒴果卵形。种子有膜质的翅。花期8月～11月；果期11月至翌年2月。

生于丘陵、疏林或灌丛中。分布于浙江、福建、广东、广西、湖南、贵州、云南；中南半岛、缅甸、印度、印度尼西亚也有。

全株有剧毒，根、嫩叶尤毒。本植物在我国历代本草中均列为毒品，剧毒，并可迅速致死。钩吻对神经系统的作用很强，主要症状有眩晕、言语含糊、肌肉松弛无力、吞咽困难、呼吸肌麻痹、共济失调、昏迷，还可见复视、散瞳、眼睑下垂等，甚至出现沉睡。其次，消化系统症状：口腔、咽喉灼痛，恶心、呕吐、腹痛、腹泻或便秘、腹胀等。循环和呼吸系统症状：面红、早期心跳缓慢，呼吸快而深，继之心搏加快、呼吸慢而浅、不规则，渐至呼吸困难和麻痹，体温及血压下降、四肢冰冷、面色苍白、虚脱，最终呼吸麻痹而死亡。上述中毒症状出现的快慢程度与服入方法有关，但与服用剂量的关系不明显，根煎水服或食新鲜嫩芽，多数立即出现症状，在1到8小时内死亡。我国民间解毒方法用新鲜羊血趁热灌服，疗效甚佳，已得到临床验证。不少农村用以杀灭害虫。猪、羊食其叶不但无毒，而且还有令其毛泽光润、增肥和防瘟之效。《本草纲目》曾谓：“‘断肠草’人误食其叶者致死，而羊食其则大肥，”但羊血中是否含对抗或中和钩吻毒的化学物质尚需进一步研究。

吕宋豆

大型木质藤本，叶对生，革质，光滑，矩圆形或椭圆形，长8至20厘米，先端锐尖，基部楔形或略圆、有明显的3条基出脉。

花白色，大多生于上部叶腋；花萼短小，有齿；花冠管状，长不及1厘米。

果实圆形，灰白色微带黄色渐变为褐色，径约10厘米或更大；种子多数包在柔软黄色的果

吕宋豆

肉中，新鲜种子稻草色略带青绿，卵形或具钝角的三角状形，略扁，宽约2.5厘米，被银白色伏贴的毛茸。

分布于菲律宾、越南、泰国。

干燥成熟种子呈不规则卵圆形，或一面有棱，长2至3厘米，宽1.5至2厘米，厚约1.5厘米，外表灰棕色，有细疣点，有的残留银灰色带光泽的毛茸。基部有圆形的种脐。质坚实，纵切面可见角质状、半透明、灰棕色的大胚乳，中央具子叶2片。

气无，味极苦(性剧毒，尝时注意)。

含毒蛋白类有毒植物

相思子

相思子亦称“红豆”（种子半红半黑），不是王维诗中的红豆。豆科。木质藤本。枝细弱。春夏开花，蝶形花冠，常淡红或紫色，总状花序。荚果长椭圆形。种子宽卵形，上端朱红色，下端黑色，可为小饰品。分布于亚洲热带；中国南部亦产。供观赏。种子有毒，用为呕吐、杀虫药。叶能利尿、治气管炎；根清暑解表，做凉茶配料。

相思子

生雌花，亦有全为雄花者；花梗细而短，有星状毛；雄花绿色，较小，花萼5裂，疏生细微的星状毛，萼片卵形，花瓣5，反卷，内面密生细的绵状毛，雄蕊15～20，着生于花盘边缘上，花盘盘状；雌花花萼5裂，无花瓣，子房圆形，3室，密被短粗的星状毛，花柱3枚，细长，每枚再2深裂。蒴果长圆形至倒卵形，有3钝角。种子长卵形，3枚，淡黄褐色。花期3月～5月。果期6月～7月。夏季开花，种子有毒。

多为栽培植物；野生于山谷、溪边、旷野，有时亦见于密林中。分布于四川、湖南、湖北、云南、贵州、广西、广东、福建、台湾、浙江、江苏。

巴豆

巴豆树

常绿乔木，高6至10米。幼枝绿色，被稀疏星状柔毛或几无毛；二年生枝灰绿色，有不明显黄色细纵裂纹。叶互生；叶柄长2至6厘米；叶片卵形或长圆状卵形，长5至13厘米，宽2.5至6厘米，先端渐尖，基部圆形或阔楔形，近叶柄处有2腺体，叶缘有疏浅锯齿，两面均有稀疏星状毛，主脉3出；托叶早落。花单性，雌雄同株；总状花序顶生，上部着生雄花，下部着

蓖麻

大戟科蓖麻属一年生或多年生草本。原产非洲东部，经亚洲传入美洲，再至欧洲。中国蓖麻引自印度，自海南至黑龙江北纬49°以南均有分布。华北、东北最多，西北和华东次之，其他为零星种植。热带地区有半野生的多年生蓖麻。

蓖麻栽培种有油用和油药兼用两种类型。根系发达，入土深。茎柔韧，中空，节节分枝，分枝多少因品种、密度而不同。多年生蓖麻植株高达

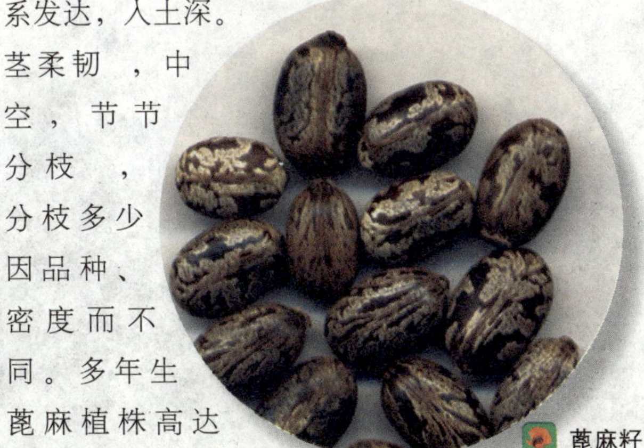

蓖麻籽

5米以上。茎、叶绿色或紫红色。植株被有白色蜡粉，光滑无毛。叶掌形，有的呈鸡爪形。花单性，总状圆锥花序，穗轴上部着生雌花，花柱红色，下部为雄花。偶有两性花混合排列或只有单生雌性花的植株。蒴果有刺或无刺，3室，每室1粒种子。皮壳光滑硬脆，有浅花纹，红至黑褐色。生长最适温度为20℃～28℃。

蓖麻在中国北方于冬前深耕，施用有机肥熟化土壤，成片种植。南方利用隙地种植。种子发育不需很高温度，幼苗可耐0℃左右低温。可直播或育苗移栽。北方春播宜早，气温稳定在10℃时可播种，以延长生长期并提高产量。多年生蓖麻可宿根留种，越冬前砍去地上部分，注意覆盖保温防冻。当大部蒴果呈深褐或黄褐色并开始出现裂纹时收获。主要病虫害有枯萎病、叶枯病、细菌性斑点病和地老虎、棉铃虫、刺蛾、蓖麻夜蛾。

蓖麻种子含油量50%左右。蓖麻油为重要工业用油，可制表面活性剂、脂肪酸甘油脂、脂二醇、干性油、癸二酸、聚合用的稳定剂和增塑剂、泡沫塑料及弹性橡胶等。并且是高级润滑油原料。还可作药剂，有缓泻作用。饼粉中富含氮、磷、钾，为良好的有机肥，经高温脱毒后可作饲料。茎皮富含纤维，为造纸和人造棉原料。

该物种为中国植物图谱数据库收录的有毒植物，其毒性为全株有毒，种子毒性大。儿童吃3至4粒，成人吃20粒即可中毒死亡。一般轻度中毒者半天后表现衰弱无力，重者有恶心、腹痛、吐泻、体温升高、呼吸加快、四肢抽搐、痉挛、昏迷死亡。牛、马、猪等误食蓖麻子，能引起食欲减少、呕吐、下痢、疝痛、痉挛，严重时死亡。家畜误食蓖麻子致死量：马36至50克，牛350至450克，牛犊20克，绵羊30克，山羊105至140克，猪60克，仔猪15至20克，兔1.5克，鹅1克，鸡18克。

蓖麻

苍耳子

苍耳子

别名有野茄子、刺儿棵、疔疮草、粘粘葵。

一年生草本，高30至90厘米。茎粗糙，有短毛。叶互生，三角状卵形，长6至10厘米，宽5至10厘米,先端锐尖，基部心形。边缘有缺刻或3至5浅裂，有不规则粗锯齿，两面有粗毛；叶柄长3至11厘米。头状花序顶生或腋生，雌雄同株，雄花序在上，球形，花冠筒状，5齿裂；雌花序在下，卵圆形，外面有钩刺和短毛。花期7月～10月，果期8月～次年1月。生于荒地、山坡等干燥向阳处。分布于全国各地。

种子纺锤形或椭圆形，长1至1.5厘米，直径0.4至0.7厘米。表面黄棕色或黄绿色，有钩刺。顶端有2枚粗刺，基部有梗痕。质硬而韧，2室，各有1枚瘦果，呈纺锤形，一面较平坦，顶端具一突起的花柱基，果皮薄，灰黑色，具纵纹。种皮膜质，浅灰色，子叶2枚，有油性。气微，味微苦。

种子含苍耳甙（Xanthostrumarin）。叶含苍耳醇（Xanthanol）、异苍耳醇（Jsoxanthanol）、苍耳酯（xanthumin)等。性温，味辛、苦。散风湿，通鼻窍。用于风寒头痛、鼻渊流涕、风疹瘙痒、湿痹拘挛。

苍耳幼苗有剧毒，切勿采食！苍耳的茎叶中皆有对神经及肌肉有毒的物质。中毒后全身无力、头晕、恶心、呕吐、腹痛、便闭、呼吸困难、烦躁不安、手脚发凉、脉搏慢。严重者出现黄疸、鼻衄，甚至昏迷，体温下降，血压忽高忽低，或者有广泛性出血，最后因呼吸、循环衰竭而死亡。解救方法：有轻度中毒者应暂停饮食数小时至1天，在此期间大量喝糖水。严重者早期可洗胃，导泻及用2%生理盐水高位灌肠，同时注射25%葡萄糖液，加维生素C500毫升；预防出血，可注射维生素K及芦丁；必要时考虑输血浆；保护肝脏；可服枸橼酸胆碱，肌肉注射甲硫氨基酸；低脂饮食。民间也有用甘草绿豆汤解毒，可配合使用。

含酚类有毒植物

常春藤

植物形态

常绿攀援藤本。全株有毒。茎枝有气生根，幼枝被鳞片状柔毛。叶互生，2裂，革质，具长柄；营养枝上的叶三角状卵形或近戟形，长5至10厘米，宽3至8厘米，先端渐尖，基部楔形，全缘或3浅裂；花枝上的叶椭圆状卵形或椭圆状披针表，长5至12厘米，宽1至8厘米，先端长尖，基部楔形，全缘。伞形花序单生或2至7个顶生；花小，黄白色或绿白色，花5数；子房下位，花柱合生成柱状。果圆球形，浆果状，黄色或红色。花期5月～8月，果期9月～11月。附于阔叶林中树干上或沟谷阴湿的岩壁上。产于陕西、甘肃及黄河流域以南至华南和西南。

园林用途

在庭院中可用以攀援假山、岩石，或在建筑阴面作垂直绿化材料。在华北宜选小气候良好的稍阴环境栽植。也可盆栽供室内绿化观赏用。

常春藤的环保作用

常春藤能有效抵制尼古丁中的致癌物质。通过叶片上的微小气孔，常春藤能吸收有害物质，并将之转化为无害的糖分与氨基酸。常春藤最美丽之处在于它长长的枝叶，只要将枝叶进行巧妙放置，就能带给人一场“视觉盛宴”。色彩丰富的常春藤尤其喜欢在阳光下展示它的颜色。

常春藤

毒雨藤

毒雨藤

毛蕊鸡血藤攀援灌木。

茎有纵纹和皮孔，嫩枝被柔毛。单数羽状复叶，互生；小叶9～11，倒卵形、卵形或长椭圆形，长5至16厘米，宽3至6.5厘米，先端钝圆或微凹，基部楔形或钝，上面无毛，下面被黄色或褐色柔毛。

总状花序腋生，有时为顶生的圆锥花序，长10至25厘米，被黄褐色柔毛；花长1.5厘米，花梗和萼片被黄褐色柔毛；花冠粉红色，旗瓣背面被金黄色茸毛，基部无胼胝状附属物，翼瓣基部两侧有短耳，与龙骨瓣背面各被长硬毛一束；雄蕊一束；雌蕊密被柔毛。荚果长椭圆形，长5至9厘米，近无毛。花期5月～7月。

叶、根、茎及果实有毒。主要对鱼类毒性大。人食用后中毒出现阵发性腹痛、恶心、呕吐、阵发性痉挛、肌肉颤动、呼吸减慢，因呼吸中枢麻痹而死。还可通过皮肤引起中毒，如用鲜藤捣烂外敷于婴儿胸部湿疹处，3小时后出现面色苍白，呼吸急促、烦躁不安，继而四肢冰冷、昏迷、缩瞳、唇绀、心律不齐、脉微弱等，皮肤接触部位有片状丘疹、发红，并有渗出物。

分布广东、广西、云南等地。生于半荫蔽的疏林中或溪畔的灌丛中。

野葛

落叶攀援状灌木；小枝棕褐色，具条纹，幼枝被锈色柔毛。掌状3小叶，叶柄长5至10厘米，被黄色柔毛，上面平或横具槽；顶生小叶倒卵状椭圆形或倒卵状长圆形，最宽处在叶的中上部，长8

毒雨藤的花

至16厘米，宽4至8.5厘米，先端急尖或短渐尖，基部渐狭；侧生小叶长圆形或卵状椭圆形，长6至13厘米，宽3至7.5厘米，基部偏斜，圆形，小叶全缘，叶面无毛，叶背沿中脉和侧脉疏被柔毛或近无毛，脉腋被黄褐色簇毛；侧生小叶无柄或近无柄，顶生小叶柄长0.5至2厘米，被柔毛。圆锥花序腋生，短而密集，长约5厘米，被黄褐色微硬毛；苞片长圆形，长约2毫米，被毛；花黄绿色，花柄长约2毫米，粗壮，被毛；花萼无毛，裂片卵形，长约1毫米或略超过，基部具3条黑色纵脉；花瓣长圆形，无毛，长约3毫米，开花时外卷，具不明显的褐色羽状脉；雄蕊与花瓣近等长，花丝线形，长约2毫米，花药长圆形，长约1毫米；花盘5浅裂，无毛；子房球形，无毛，径约0.5毫米，花柱1，极短，柱头3裂，头状。核果略偏斜，呈斜三角形，长约5毫米，宽约6毫米，先端短尖，外果皮薄，黄色，被刺毛，毛长达1毫米，中果皮蜡质，具纵向褐色树脂道，果核坚硬，黄色。

野葛

漆树籽

生长在海拔1850米的山谷杂木林缘。四川、贵州、湖南、湖北、台湾均有。

漆 树

漆树为中国植物图谱数据库收录的有毒植物，其毒性为树的汁液有毒，对生漆过敏者皮肤接触即引起红肿、痒痛，误食引起强烈刺激，如口腔炎、溃疡、呕吐、腹泻，严重者可发生中毒性肾病。

漆树属漆树科，落叶乔木，高达20米，有乳汁。我国漆树分布广泛，大体在北纬25°～42°，东经95°～125°之间的山区。秦巴山地和云贵高原为漆树分布集中的地区。云南、四川、贵州三省的产量最多，福建是我国著名漆器产区。

漆树是我国重要的特用经济林。漆业是天然树脂涂料，素有“涂料之王”的美誉。漆树可

漆树

取蜡，籽可榨油，木材坚实，生长迅速，为天然涂料、油料和木材兼用树种。

漆树主要分布于亚洲温暖湿润地区，在我国，东经97°～126°，北纬19°～42°之间的广大区域都有生长，秦岭、大巴山、武当山、巫山、武陵山、大娄山、乌蒙山等山脉一带最为集中，是我国漆树的中心产区。

漆树对土壤条件要求不严，在灰岩、板岩、砂岩及千枚岩上发育的山地黄壤、山地黄棕壤、山地棕壤上均可生长；对土壤pH值要求不严，而对土壤物理性质要求较高。喜光照，忌风，宜于背风向阳山地。

银杏树

落叶乔木。枝分长枝与短枝。叶簇生于短枝，或螺旋状散生于长枝，扇形，上缘浅波状，有时中央浅裂或深裂，脉叉状分枝；叶柄长。花单性异株，或同株；球花生于短枝叶腋或苞腋，与叶同时开放；雄球花成荑花序状，雌球花有长梗，梗端2叉，叉端生1珠座，每珠座生1胚球，仅1个发育。种子核果状，椭圆形至近球形，外种皮肉质，有白粉，熟时橙黄色，内种皮骨质，白色。花期5月，果期10月。

生于向阳、湿润肥活的壤土及砂壤土，一般为栽培。主产于广西、四川、河南、山东、湖北、辽宁。

银杏树的果实含银杏酸（Ginkgolic acid）、银杏酚（Bilobol）、银杏醇（Ginnol）、银杏黄素（Ginkgetin）、蛋白质、脂肪、碳水化合物、钙、磷、铁、胡萝卜素等。

银杏的果实白果能治哮喘、痰嗽、白带、白浊、遗精、淋病、小便频数。

1.敛肺平喘，减少痰量：适用于咳喘气逆，痰多之症，无论偏寒，偏热均可。

2.收涩止带，除湿：用治白浊带下。无论

银杏树

下元虚衰，白带清稀，或湿热下注、带下黄浊者，随症配伍，均可使用。

3．祛痰定喘：用于治疗喘咳痰多，能消痰定喘。

4.收敛除湿：可治疗赤白带下，小便白浊，小便频数、遗尿。

银杏的果实

生吃白果后，中毒现象出现在服后1至12小时，症状为发热、呕吐、腹痛、泄泻、惊厥、呼吸困难，严重者可因呼吸衰竭而死亡。少数人则表现为感觉障碍、下肢瘫痪。使用白果切不可过量。服食白果制成的食品也应注意这点。刺激皮肤，白果的外种皮有毒，能刺激皮肤引起接触性皮炎、发疱。有人接触还会出现过敏性皮炎。

大麻

作为毒品的大麻主要是指矮小、多分枝的印度大麻。大麻类毒品的主要活性成分是四氢大麻酚（THC）。这种大麻的雌花枝上的顶端、叶、种子及茎中均有树脂，叫大麻脂，这种大麻脂可提取大量的大麻毒品。

科学家从大麻的树脂中提取了400种以上的化合物，其中有一种叫四氢大麻酚，是对神经系统起作用的主要成分。四氢大麻酚的含量越多，烈性成分越强，毒品的劲头就越大。

大量或长期使用大麻，会对人的身体健康造成严重损害：

1.神经障碍。吸食过量可发生意识不清、焦虑、抑郁等，对人产生敌意冲动或有自杀意愿。长期吸食大麻可诱发精神错乱、偏执和妄想。

2.记忆和行为造成损害。滥用大麻可使大脑记忆及注意力、计算力和判断力减退，使人思维迟钝、木讷，记忆混

大麻

乱。长期吸食还可引起退行性脑病。

3.影响免疫系统。吸食大麻可破坏机体免疫系统，造成细胞与体液免疫功能低下，易受病毒、细菌感染。所以，大麻吸食者患口腔肿瘤的多。

4.吸食大麻可引起气管炎、咽炎、气喘发作、喉头水肿等疾病。吸一支大麻烟对肺功能的影响比一支香烟大10倍。

5.影响运动协调。吸食大麻过量时可损伤肌肉运动的协调功能，造成站立平衡失调、手颤抖、失去复杂的操作能力和驾驶机动车的能力。

其他有毒植物

黄杨

形态特征

常绿灌木或小乔木；树皮灰色，有规则剥裂；茎枝有4棱；小枝和冬芽的外鳞有短毛。叶倒卵形或倒卵状长椭圆形至宽椭圆形，长1至3厘米，宽7至15毫米，背面主脉的基部和叶柄有微细毛。花簇生于叶腋或枝端，无花瓣；雄花萼片4，长2至2.5毫米；雄蕊比萼片长两倍；雌花生于花簇顶端，萼片6，两轮；花柱3，柱头粗厚，子房3室。蒴果球形，熟时黑色，沿室背3瓣裂。花期3月～4月，果期5月～7月。

生长习性

黄杨性耐阴，喜温暖湿润气候和疏松肥沃土壤，在酸性、中性、碱性土壤中均能生长。根系发达，萌芽力强。

该物种为中国植物图谱数据库收录的有毒植物，其毒性为叶有毒。人和动物中毒后主要症状是腹痛、腹泻、步态不稳、痉挛，因呼吸和循环障碍

黄杨

而死亡。小鼠腹腔注射20克／千克叶的乙醇提取物，2至3分钟后活动减少、共济失调，部分动物死亡。

风信子

风信子，为风信子科风信子属中的多年生草本植物，具鳞茎。原来属于百合科，现在已被提升为新的风信子科的模式属，而风信子也从原来的百合目改到新成立的天门冬目中。风信子原产于地中海和南非，学名得自希腊神话中受太阳神阿波罗宠眷，并被其所掷铁饼误伤而死的美少年雅辛托斯。

形态特征

鳞茎卵形，有膜质外皮。叶4至8枚，狭披针形，肉质，上有凹沟，绿色有光泽。花茎肉质，略高于叶，总状花序顶生，花5至20朵，横向或下倾，漏斗形，花被筒长、基部膨大，裂片长圆形、反卷，花有紫、白、红、黄、粉、蓝等色，还有重瓣、大花、早花和多倍体等品种。

蓝色风信子

风信子

原产地在东南欧、非洲南部、地中海东部沿岸及土耳其小亚细亚一带。

生态习性

喜冬季温暖湿润、夏季凉爽稍干燥、阳光充足或半阴的环境。喜肥，宜肥沃、排水良好的沙壤土，忌过湿或黏重的土壤。风信子鳞茎有夏季休眠习性，秋冬生根，早春萌发新芽，3月开花，6月上旬植株枯萎。风信子在生长过程中，鳞茎在2℃～6℃低温时根系生长最好。芽萌动适温为5℃～10℃，叶片生长适温为10℃～12℃，现蕾开花期以15℃～18℃最有利。鳞茎的贮藏温度为20℃～28℃，最适为25℃，对花芽分化最为理想。

球茎有毒性，如果误食，会引起头晕、胃痉挛、拉肚子等症状，所以要严防小孩子或者动物的误食。

一品红

产地分布

原产于墨西哥塔斯科（Taxco）地区，在被引入欧洲之前很久，就被当地的阿芝特克人（Aztecs,美洲印第安人一支）用作颜料和药物。1825年由美国驻墨西哥首任大使约尔·波因塞特（JoelRobertsPoinsett）引入美国。

形态特征

常绿灌木，高50至300厘米,茎叶含白色乳汁。茎光滑，嫩枝绿色，老枝深褐色。单叶互生，卵状椭圆形，全缘或波状浅裂，有时呈提琴形，顶部叶片较窄，披针形；叶被有毛，叶质较薄，脉纹明显；顶端靠近花序之叶片呈苞片状，开花时株红色，为主要观赏部位。杯状花序聚伞状排列，顶生；总苞淡绿色，边缘有齿及1－2枚大而黄色的腺体；雄花具柄，无花被；雌花单生，位于总苞中央；自然花期12月至翌年2月。有白色及粉色栽培品种。喜温暖、湿润及充足的光照。不耐低温，为典型的短日照植物。强光直射及光照不足均不利其生长。忌积水，保持盆土湿润即可。短日照处理可提前开花。一品红喜湿润及阳光充足的环境，向光性强，对土壤要求不严，但以微酸型的肥沃，湿润、排水良好的砂壤土最好。耐寒性较弱，华东、华北地区温室栽培，必须在霜冻之前移入温室，否则温度低，容易黄叶、落叶等。冬季室温不能低于5℃，以16℃～18℃为宜。对水分要求严格，土壤过湿，容易引起根部腐烂、落叶等，一品红极易落叶，温度过高，土壤过干过湿或光照太强太弱都会引起落叶。

生物特性

喜温暖、湿润和阳光充足环境。

一品红的生长适温为18℃～25℃，4月～9月为18℃～24℃，9月至翌年4月为13℃～16℃。冬季温度不低于10℃，否则会引起苞片泛蓝，基部叶片易变黄脱落，形成“脱脚”现象。当春季气温回升时，从茎干上能继续萌芽抽出枝条。

一品红

一品红1

一品红对水分的反应比较敏感，生长期只要水分供应充足，茎叶生长迅速，有时出现节间伸长、叶片狭窄的徒长现象。相反，盆土水分缺乏或者时干时湿，会引起叶黄脱落。因此，水分的控制直接关系到一品红的生长和发育。

一品红为短日照植物。在茎叶生长期需充足阳光，促使茎叶生长迅速繁茂。要使苞片提前变红，将每天光照控制在12小时以内，促使花芽分化。如每天光照9小时，5周后苞片即可转红。

土壤以疏松肥沃，排水好的砂质壤土为好。盆栽土以培养土、腐叶土和沙的混合土为佳。

注意

全株有毒，有白色乳汁刺激皮肤红肿，引起过敏性反应，误食茎、叶有中毒死亡的危险。

杜鹃花

别名

映山红、山石榴、山踯躅、红踯躅、金达莱、山鹃。

中国十大名花之一。在所有观赏花木之中，称得上花、叶兼美，地栽、盆栽皆宜，用途最为广泛的。白居易赞曰：“闲折二枝持在手，细看不似人间有，花中此物是西施，鞭蓉芍药皆嫫母。”在世界杜鹃花的自然分布中，种类之多、数量之巨，没有一个能与中国匹敌，中国，乃世界杜鹃花资源的宝库！今江西、安徽、贵州以杜鹃为省花，定为市花的城市多达七八个，足见人们对杜鹃花的厚爱。杜鹃花盛开之时，恰值杜鹃鸟啼之时，古人留下许多诗句和优美、动人的传说，并有以花为节的习俗。杜鹃花多为灌木或小乔木，因生态环境不同，有各

白色杜鹃花

自的生活习性和形状。最小的植株只有几厘米高，呈垫状，贴地面生。最大的高达数丈，巍然挺立，蔚为壮观。

杜鹃花

产地分布

中国是杜鹃花的分布中心，约有460种，除新疆和宁夏外，各省区均有分布。西藏东南部、四川西南部、云南西北部是最集中的产地，均分别占百种以上，仅云南的杜鹃花品种就占全国品种的一半以上。世界上许多国家从这里引种。

杜鹃花是一个大属，全世界约有900余种，分布于欧洲、亚洲和北美洲，而以亚洲最多，有850种，其中我国有530余种，占全世界59%，特别集中于云南、西藏和四川三省区的横断山脉一带，是世界杜鹃花的发祥地和分布中心。喜马拉雅山脉的不丹、锡金、尼泊尔、缅甸、印度北部，种类也较多，日本、朝鲜、苏联西伯利亚和高加索仅有少数种类。

形态特征

粉色杜鹃花

杜鹃花属种类繁多，形态各异。由大乔木（高可达20米以上）至小灌木（高仅10至20厘米），主干直立或呈匍匐状，枝条互生或轮生。分布于欧洲、亚洲及北美洲，以亚洲为最多。它与西洋杜鹃的区别是：形体相对更矮小，花形相对更小。

生态习性

我国除新疆外南北各省区均有分布，尤以云南、西藏和四川种类最多，为杜鹃花属的世界分布中心。杜鹃花属种类多，习性差异大，但多数种产于高海拔地区，喜凉爽、湿润气候，恶酷热干燥。要求富含腐殖质、疏松、湿润及pH值在5.5～6.5之间的酸性土壤。部分种及园艺品种的适应性较强，耐干旱、瘠薄，土壤pH值在7～8之间也能生长。但在黏重或通透性差的土壤上，生长不良。杜鹃花对光有一定要求，但不耐曝晒，夏秋应有落叶乔木或荫棚遮挡烈日，并经常以水喷洒地面。杜鹃花抽梢一般在春秋二季，以春梢为主。最适宜的生长温度为15℃～20℃，气温超过30℃或低于5℃则生长停滞。冬季有短暂的休眠期，以后随温度上升，花芽逐渐膨大，一般露地栽培在3月～5月开花，高海拔地区则晚至7月～8月开花。北方在温室栽培。1月～2月即可开花。杜鹃花耐修剪，隐芽受刺激后极易萌发，可借此控制树形，复壮树体。一般在5月前进行修剪，所发新梢，当年均能形成花蕾，过晚则影响开花。一般立秋前后萌发的新梢，尚能木质化。若形成新梢太晚，冬季易受冻害。为常绿或落叶灌木。

满山遍野的杜鹃花

常见种类

中国常栽培的种类有：毛鹃、夏鹃、西洋鹃、羊踯躅、迎红杜鹃、马银花、云银杜鹃。

杜鹃花属约有900种，亚洲约产850种，其中中国约有530种，除新疆外南北各小区均有分布。新几内亚、马来西亚约有280种，几乎全为附生型。此外，北美分布有24种，欧洲分布有9种，大洋洲分布1种。杜鹃花属种类多，差异很大，有常绿大乔木、小乔木，常绿灌木和落叶灌木。

杜鹃花分落叶和常绿两大类。落叶类叶小，常绿类叶片硕大。花的颜色有红、紫、黄、白、粉、蓝等色。喜阴凉、湿润，耐寒，多生长在海拔1000米～1400米的山坡、高山草甸、林缘、石壁和沼泽地。

黄色杜鹃的植株和花内均含有毒素，误食后会引起中毒；白色杜鹃的花中含有四环二萜类毒素，中毒后引起呕吐、呼吸困难、四肢麻木等。

咬人狗

听到这个名字，就知道这种植物并不好惹，的确，它与它们的亲戚，咬人猫（荨麻）、蝎子草都是顶顶有名的有毒植物，只不过它一般并不会造成生命的危险，而是在人类接触它们时，让人感觉无法忍受的刺痛，以及灼热感，进而远离植株。虽然只是小小的警告，可是却可以让人痛一天，所以被“咬”人，一定都是刻骨铭心的，永远记得它。

性状

常绿乔木。树皮灰白色，光滑但具多数发达的皮孔。幼嫩部分、叶柄、叶背及花序被有两种白色柔毛，一种短小，另一种长，会刺人。叶丛生枝端，互生，具长，卵形或椭圆形，膜质，全缘或波状缘，先端突尖，基部圆形，叶背中肋凸起。花雌雄异株，腋生花成聚伞状圆锥花序。瘦果具半透明之肉质果托，扁球形。种子细小，扁卵形，绿色。至于它的可敬可畏之处，在于叶子背面的焮毛，看到它时。请不要去故意碰它。

叶表皮细胞突出成焮毛，焮毛贮有类似蚁酸的有机酸，顶端膨大处细胞壁极薄，稍微碰触，即破裂释出酸液，能蜇皮肤，不小心触到，会令人感觉疼痛烧热。解救方法，可以用尿或姑婆芋外敷。亦可用胶布将刺入皮肤内的焮毛黏出，再擦上止痛软膏，疼痛马上会消除。果托味佳可食，亦可和嫩叶炒食，可是采集要小心，勿碰到叶背及幼嫩部分。

分布地区

台湾固有种，产于全岛低海拔森林内。本区生长在山麓丛林中，数量大，分布区域零星。

咬人狗

荨麻

形态

多年生草本。茎高60至100厘米，有的可达150厘米，生螯毛（长约3至5毫米）和反曲的微柔毛。

叶对生；叶片宽卵形或近五角形，长及宽均5至12厘米，先端渐尖，基部圆形或浅心形，近掌状浅裂，裂片三角形，有不规则牙齿，下面生微柔毛，沿脉生螯毛；叶柄长1至7厘米；托叶合生，卵形。

雌雄同株或异株；雄花序长约达10厘米，生稀疏分枝，在雌雄同株时生雌花序之下；雄花直径约2.5毫米，具4花被片；雌花序较短，分枝极短；雌花小，长约0.4毫米，柱头画笔头状。

其茎叶上的螯毛有毒性（过敏反应），人及猪、羊、牛、马、禽、鼠等动物一旦碰上就如蜂蜇般疼痛难忍，它的毒性使皮肤接触后立刻引起刺激性皮炎，如瘙痒、严重烧伤、红肿等。特别适合庭院、机关、企业、学校及果园、鱼塘的防盗设施。

荨麻

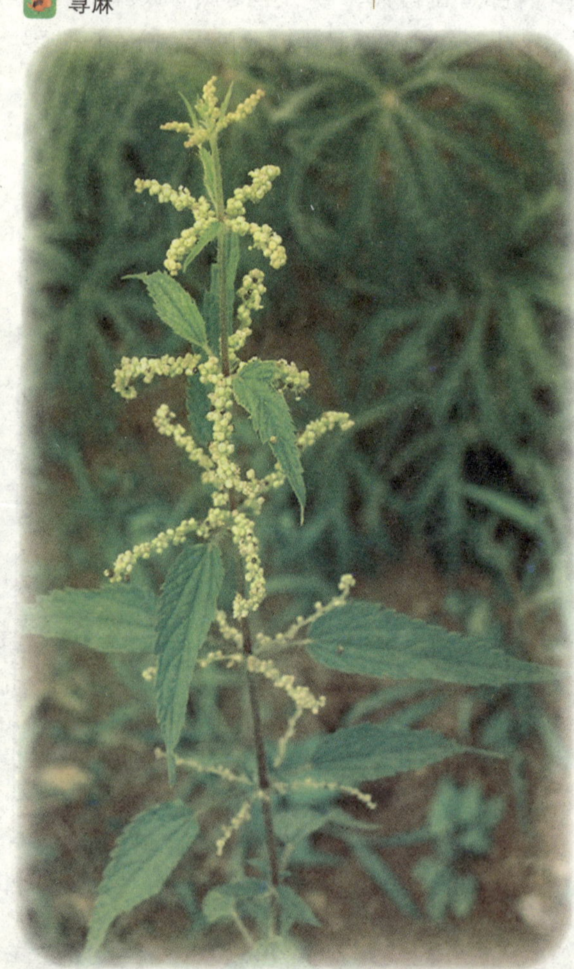

习性

喜阴植物，生命旺盛，生长迅速，对土壤要求不严，喜温喜湿。

生境分布

广泛分布于亚欧大陆，在我国分布在云南中部、贵州、四川东南部、湖北和浙江。生于山地林中或路边。

蝎子草

一年生草本，高达1米。茎直立，具条棱，伏生糙硬毛及螯毛，螯毛直而开展，长达6毫米。叶互生，托叶合生。三角状锥形，早落；叶柄细弱，长(2)5至6(12)厘米，伏生糙硬毛及螯毛；叶片卵

蝎子草

二歧聚伞花序，生于茎上部，花序轴伏生糙硬毛及螫毛，雌花花被2裂，上端花被片椭圆形，顶端具不甚明显的3齿，背部呈龙骨状，伏生糙硬毛，下端花被片线形面小，果熟时上端花被片包着瘦果基部。瘦果广卵形，长约2毫米，宽约1.5毫米，双凸镜状，密着于果序的一侧。花期7月～8月，果期8月～9月。

圆形，长4至17厘米，宽3至10厘米，基部圆形或近截形，先端渐尖或尾状尖，边缘具缺刻状大齿牙，表面深绿色，密布小球状钟乳体背面色淡，两面伏生糙硬毛，背面主脉上疏生螫毛。花单性，雌雄同株，花序腋生，单一或分枝，具总梗，比叶短，分枝稀疏，伏生糙硬毛及稀疏直立的螫毛；雄花序生于茎下部，雄花花被4深裂，生有糙硬毛，雄蕊4；雌花为穗状

生于山坡阔叶疏林内岩石间、石砬子下、林缘地及山沟边阴处。分布于我国黑龙江、吉林、内蒙古、河北、河南、陕西等省区，朝鲜也有分布。

茎皮纤维可制绳索或供编织用。

羊踯躅

形态特征

落叶灌木，分枝衡疏，直立，长椭圆形或

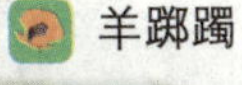

羊踯躅

椭圆状倒披针形。

分布地区

原产于我国长江流域及以南各地，多生于海拔200米～2000米的山坡上。是杜鹃花中极少开黄花的树种。全株有剧毒，须慎用。

习性

性喜强光和干燥、通风良好的环境，能耐－20℃的低温；喜排水良好的土壤，耐贫瘠和干旱，忌雨涝积水。植株强健，管理粗放。

紫茉莉

紫茉莉五光十色，别名草茉莉、胭脂花等，为紫茉莉科、紫茉莉属多年生草本花卉。常作一年生栽培。主根肥大块状，株高约1米，主茎直立，侧枝散生，节部膨大。单叶对生，三角样卵形。花数朵顶生，萼片呈花瓣样，花冠漏斗形，边缘有波状浅裂，但不分瓣。花色有白、黄、红、粉、紫，并有条纹或斑点状复色，具茉莉香味更觉淡雅。坚果卵圆形，黑色，表面斑纹褶皱，外形像个小地雷，故孩子们又叫“地雷花”。种子白色，胚乳呈非常细的白粉样。花期7月至10月。种子有毒，食用后可能听力迟钝、口舌麻木。

龙葵

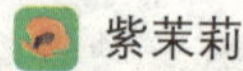

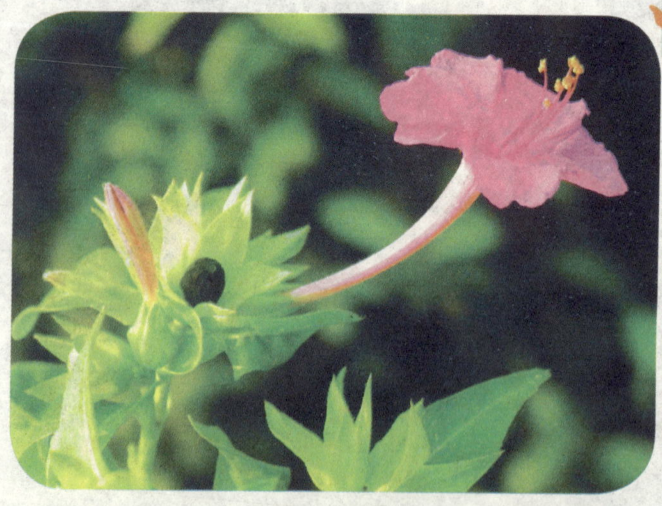

紫茉莉

龙葵

别名

苦菜、苦葵、老鸦眼睛草、天茄子、天茄苗儿、天天茄、救儿草、后红子、水茄、天泡草、老鸦酸浆草、天泡果、七粒扣、乌疔草、

双花龙葵

形，长约3厘米；雄蕊5；子房卵形，花柱中部以下有白色绒毛。浆果球形，直径约8毫米，熟时黑色；种子近卵形，压扁状。花果期9月～10月。

主要产于连云港、铜山、邳县、射阳、吴江、江宁、溧阳等地，生于路旁或田野；我国各地有分布。

野茄子、黑姑娘、乌归菜、野海椒、黑茄、地泡子、地戎草、山辣椒、山海椒、野茄菜、耳坠菜、野辣角、天茄菜、狗钮子、野辣椒、野葡萄、酸浆草、水苦菜、野伞子、飞天龙。

一年生草本，高30至100厘米。茎直立，多分枝。叶卵形，长2.5至10厘米，宽1.5至3厘米，顶端尖锐，全缘或有不规则波状粗齿，基部楔形，渐狭成柄；叶柄长达2厘米。花序为短蝎尾状或近伞状，侧生或腋外生，有花4至10朵，白色，细小；花序梗长1至2.5厘米，花柄长约1厘米；花萼杯状，绿色，5浅裂；花冠辐状，裂片卵状三角

化学成分

含龙葵碱（solanigrine）、澳茄胺（oslasodine）、龙葵定碱（solanigridine）、皂甙、维生素C、树脂。

染料用途及中毒症状

果实含经龙葵苷、皂素，可制褐色、绿色、

龙葵

白菊花

蓝色染料。

龙葵碱作用类似皂甙，能溶解血细胞。过量中毒可引起头痛、腹痛、呕吐、腹泻、瞳孔散大、心跳先快后慢、精神错乱，甚至昏迷。曾有报告小孩食未成熟的龙葵果实而致死亡（与发芽马铃薯中毒相同）。澳洲茄碱作用似龙葵碱，亦能溶血，毒性较大。

菊花

别名

菊华、秋菊、日精、九华、黄花、帝女花、笑靥金、节花、鞠、金蕊、甘菊。

因其花开于晚秋和具有浓香故有“晚艳”“冷香”之雅称。

有时也作菊科所有花卉品种的总称。菊科是种子植物最大科，总数25000种～30000种，而其花卉种类也很多，仅次于兰花。

菊属有30余种，中国原产17种，主要有：野菊、毛华菊、甘菊、小红菊、紫花野菊、菊花脑等。

菊花喜凉爽、较耐寒，生长适温18℃～21℃，地下根茎耐旱，最忌积涝，喜地势高、土层深厚、富含腐殖质、疏松肥沃、排水良好的土壤。在微酸性至微碱性土壤中皆能生长。而以pH6.2～6.7最好。为短日照植物，在每天14.5小时的长日照下进行营养生长，每天12小时以上的黑暗与10℃的夜温适于花芽发育。

菊花为多年生草本植物。株高20至200厘米，

红菊花

通常30至90厘米。茎色嫩绿或褐色，除悬崖菊外多为直立分枝，基部半木质化。单叶互生，卵圆至长圆形，边缘有缺刻及锯齿。头状花序顶生或腋生，一朵或数朵簇生。舌状花为雌花，筒状花为两性花。舌状花分为下、匙管、畸四类，色彩丰富，有红、黄、白、墨、紫、绿、橙、粉、棕、雪青、淡绿等。筒状花发展成为具各种色彩的“托桂瓣”，花色有红、黄、白、紫、绿、粉红、复色、间色等色系。

黄菊花

花序大小和形状各有不同，有单瓣，有重瓣；有扁形，有球形；有长絮，有短絮，有平絮和卷絮；有空心和实心；有挺直的和下垂的，式样繁多，品种复杂。根据花期迟早，有早菊花（九月开放），秋菊花（十月至十一月），晚菊花（十二月至元月），但经过园艺家们的辛勤培植，改变日照条件，也有五月开花的五月菊，七月开花的七月菊。根据花径大小区分，花径在10厘米以上的称大菊，花径在6至10厘米的为中菊，花径在6厘米以下的为小菊。根据瓣形可分为平瓣、管瓣、匙瓣三类十多个类型。

菊花是国际上著名的十大有毒观赏花卉之一，不适当的服用可能会引起拉肚子、呕吐等症状，而菊花作为植物，本身的叶子等也有一定的毒性，

双色菊花

直接服用其生的叶梗或皮肤接触后可能会引起瘙痒、肿痛、喉痛等症状。

鸢尾

鸢尾原产于中国中部及日本。现在中国主要分布在中原、西南和华东一带，世界其他一些地区，具体不详。

天然鸢尾科植物的分布地点主要是在北非、西班牙、葡萄牙、高加索地区、黎巴嫩和以色列等。

鸢尾为多年生宿根性直立草本，高约30至50厘米。根状茎匍匐多节，粗而节间短，浅黄色。叶为渐尖状剑形，宽2至4厘米，长30至45厘米，质薄，淡绿色，呈二纵列交互排列，基部互相包叠。春至初夏开花，总状花序1至2枝，每枝有花2至3朵；花蝶形，花冠蓝紫色或紫白色，径约10厘米，外3枚较大，圆形下垂；内3枚较小，倒圆形；外列花被有深紫斑点，中央面有一行鸡冠状白色带紫纹突起，花期4月～6月，果期6月～8月；雄蕊3枚，与外轮花被对生；花柱3歧，扁平如花瓣状，覆盖着雄蕊。花出叶丛，有蓝、紫、黄、白、淡红等色，花形大而美丽。蒴果长椭圆形，有6

鸢尾花

法国视鸢尾为国花

黄色鸢尾

棱。变种有白花鸢尾，花白色，外花被片基部有浅黄色斑纹。

鸢尾耐寒性较强，按习性可分为：

1.要求适度湿润，排水良好，富含腐殖质、略带碱性的黏性土壤；

2.生于沼泽土壤或浅水层中；

3.生于浅水中；

4.喜阳光充足，气候凉爽，耐寒力强，亦耐半阴环境。

鸢尾根茎可当吐剂及泻剂，也可治疗眩晕及肿毒，叶子与根有毒，会造成肠胃道淤血及严重腹泻，花苦、平、有毒。

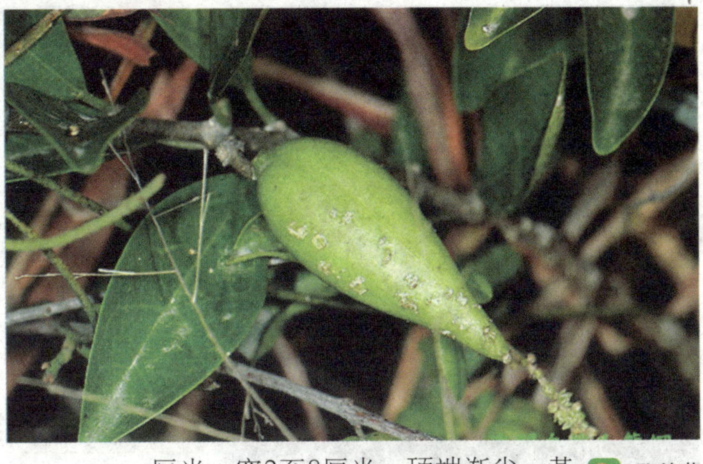

匙羹藤

匙羹藤

木质藤本。叶膜质，卵形或卵状长圆形，长4至11厘米，宽2至8厘米，顶端渐尖，基部圆形或浅心形，无毛或脉上稍被微毛；侧脉每边4至6条；叶柄长2至4厘米，纤细，无毛或被疏微毛，顶端具少数丛生腺体。聚伞花序伞状，腋生，长1.5至4厘米，着花多朵；萼片披针形，比花冠筒短，长2至3毫米，外面被微毛，内面基部有小腺体；花冠淡黄色，钟状、外面被疏微毛，冠片长圆形，钝头；副花冠退化成5行被毛的条带，生于花冠筒中部；花药顶端的膜片比柱头低；花粉块长圆形，直立，着粉腺远比花粉块小；子房无毛，柱头圆锥状。蓇葖果披针状圆柱形，长8.5至11厘米，直径2厘米，顶端渐尖，基部

匙羹滕

匙羹藤2

肿大，无毛；种子卵形，长1.2至1.5厘米，宽7毫米，顶端种毛长3.5厘米。花期5月～7月，果期7月至翌年1月。

分布及生境：产西双版纳等地；生于山地林中。分布于广东、广西、贵州。印度尼西亚和越南也有。

有小毒，入药，孕妇慎用。

海芒果

产地分布

产中国广东、广西、台湾、海南等地，澳大利亚和亚洲。

形态特征

高4至8米，有乳汁。枝粗壮，具明显的叶痕；叶互生，倒卵状披针形或倒卵状矩圆形，长6至37厘米。聚伞花序顶生；花白色，喉部红色，径约5厘米，花期3月～10月。核果，椭圆形或卵圆形，橙黄色，果期11月至翌年春季。叶丛生于枝顶，披针形或倒披针形。顶生聚伞花序，花高脚碟状，花冠白色，中央淡红色，裂片5。核果卵形，橙花色，有毒。

园林用途

海芒果

海芒果1

本种叶大花多，姿态优美，适于庭园栽培观赏或用于海岸防潮。果实有毒。

夜来香

夜来香为茄科木本花卉。株高1米～2米，枝长而下垂。我国南部常有栽培，除供观赏外，花可作馔和药用。藤本；叶对生，基部有腺体；花绿黄色，具柄，排成腋生、伞房花序式的聚伞花序；萼5裂，内面基部具5个小腺体；花冠稍显高脚碟状，喉部有时收缩，裂片长椭圆形，右向旋转排列；副花冠的鳞片与花药背部合生，直立，侧向压扁，顶端稍有缺刻；雄蕊生于花冠的基部，腹部黏生于雌蕊上，花丝短，合生成筒状，花药顶端有内弯的膜片；花粉块每室1个，直立；雌蕊由2枚离生心皮组成，花柱短，柱状、头状或短圆锥状；蓇葖圆柱形，肿胀；种子有丰富的种毛。

夜来香花绿白色至黄绿色，至晚极

海芒果

夜来香

香。全株有毒。花香浓烈，闻多头昏，对神经有毒害，不可放置于室内。

苏 铁

常绿乔木，高可达20米。茎干园柱状，不分枝。仅在生长点破坏后，才能在伤口下萌发出丛生的枝芽，呈多头状。茎部密被宿存的叶基和叶痕，并呈鳞片状。叶从茎顶部生出，羽状复叶，大型。小叶线形，初生时内卷，后向上斜展，微呈“V”字形，边缘显著向下反卷，厚革质，坚硬，有光泽，先端锐尖，叶背密生锈色绒毛，基部小叶成刺状。雌雄异株，6月~8月开花，雄球花圆柱形，黄色，密被黄褐色绒毛，直立于茎顶；雌球花扁球形，上部羽状分裂，其下方两侧着生有2至4个裸露的胚球。种子10月成熟，种子大，卵形而稍扁，熟时红褐色或橘红色。

苏铁雌雄异株，花形各异，雄花长椭圆形，挺立于青绿的羽叶之中，黄褐色；雌花扁圆形，浅黄色，紧贴于茎顶。花期6月~8月。种子卵圆形，微扁，熟时红色。其实铁树是裸子植物，只有根，茎，叶和种子，没有花这一生殖器官，所以，铁树的花，是它的种子。种子成熟期为10月份。

该物种为中国植物图谱数据库收录的有毒植物，其毒性为种子和茎顶部髓心有小毒。含有葫芦巴碱和微量砷，不可食之，中毒症：恶心呕吐、头昏。

苏 铁

喜光，稍耐半阴。喜温暖，不甚耐寒，上海地区露地栽植时，需在冬季采取稻草包扎等保暖措施。喜肥沃湿润和微酸性的土壤，但也能耐干旱。生长缓慢，10余年以上的植株可开花。

苏铁的株形美丽、叶片柔韧、较为耐荫，其既可室外摆放，又可室内观赏，由于其生长速度很慢，因此售价较高。苏铁喜微潮的土壤环境，由于它生长的速度很慢，因此一定要注意浇水量不宜过大，否则不利其根系进行正常的生理活动。从每年3月起至9月止，每周为植株追施一次稀薄液体肥料，能够有效地促进叶片生长。苏铁喜光照充足的环境。尽量保持环境通风，否则植株易生介壳虫。苏铁喜温暖，忌严寒，其生长适温为20℃～30℃，越冬温度不宜低于5℃。

开花的苏铁

文殊兰

文殊兰为多年生常绿草本，植株粗壮。地下部分具有叶基形成的假鳞茎，长圆柱形。叶带状披针形，叶缘波状，浅绿色，从鳞茎基部抽出。花葶从叶丛中抽出，花茎直立，高与叶相等，实心、伞形，花序顶生，有花10至20余朵，簇生，白色，芳香，花被筒细长，裂片线形。蒴果球形，种子较大。全株有毒，鳞茎最毒。含有石蒜碱。中毒症：腹痛、先便秘、后剧烈下泻。

文殊兰

文殊兰野生多分布于滨海地区、河旁沙地以及山涧林下阴湿处。喜温暖湿润气

绣球花

植物特性

老枝粗壮，有叶和皮孔。

原产地

原产中国的长江流域、华中和西南以及日本，欧洲则原产于地中海。

绣球花

绣球花叶具短柄，对生，叶片肥厚，光滑，椭圆形或宽卵形，先端锐尖，长10至25厘米，宽5至10厘米，边缘有粗锯齿。

绣球花的花伞形花序顶生，球形，密花，花白色、蓝色或粉红色，几乎全为无性花，每一朵花有瓣状萼4至5片；花瓣4至5片，小形，雄蕊在10枚以内，雌蕊极度退化，花柱2至3枚。花期：5月～7月。

绣球花性喜温暖、湿润和半阴环境。怕旱又怕涝，不耐寒。喜肥活湿润，排水良好的轻壤土，但适应性较强。

候，不耐寒，夏季怕烈日暴晒。耐盐碱土壤。

有毒部位

全株均具有毒性。含有抗症生物碱，花含有芸香甙，根含有瑞香素，八仙花酚。

绣球花

中毒症状

误食茎叶会造成疝痛。腹痛、腹泻、呕吐、呼吸急迫、便血等现象。

用途

药用、切花、盆栽、庭院露地栽培。

毒麦

目前已被列入我国首批外来入侵物种。

生物学特性

一年生或越年生草本，高50至110厘米。秆疏丛生，直立。叶鞘较松弛，长于节间；叶舌膜质，长约1毫米；叶片无毛或微粗糙。花序穗状；小穗含4至7花，单生而无柄，侧扁；第一颖退化，第二颖与小穗等长或略过之，具5至9脉；外稃具5脉，顶端稍下方有芒，芒长1至2厘米，内稃几与外稃等长。颖果矩圆形，腹面凹陷成一宽沟，并与内稃嵌合。

危害作物

毒麦主要混于麦类作物田中生长。它是一种在种子中含有毒麦碱的有毒杂草，人、畜食后都能中毒，尤其未成熟的毒麦或在多雨季节收获时混入收获物中的毒麦毒力最大。因此，毒麦不仅会直接造成麦类减产，而且威胁人、畜安全。

分布区域

原生欧洲。我国原无毒麦，由于进口粮食及引种混有毒麦的农作物而传入，毒麦现在已扩散到河北、东北及南方部分地区。目前全世界约有10种不同的毒麦品种，我国已发现4种，这4种均由国外传入。

该物种为中国植物图谱数据库收录的有毒植物，其毒性为种子有毒，尤以未熟或多雨潮湿季节收获的毒力为强。小麦中若混有毒麦，人、畜食用含4%以上毒麦的面粉即可引起

毒麦

急性中毒，表现为眩晕、恶心、呕吐、腹痛、腹泻、疲乏无力、发热、眼球肿胀，重者嗜睡、昏迷、发抖、痉挛等，因中枢神经系统麻痹死亡。

国槐

产地分布

中国北部，现在中国各地均有栽培。常见华北平原及黄土高原海拔1000米高地带均能生长。

形态特征

落叶乔木，高达25米，胸径1.5米。国槐树冠球形庞大，枝多叶密，花期较长，绿荫如盖。干皮暗灰色，小枝绿色，皮孔明显。芽被青紫色。花两性，顶生，蝶形，浅黄绿色，7月～8月开花，10月果实成熟，荚果肉质，串珠状，成熟后干涸不开裂，常见挂树梢，经冬不落。种子千粒重为125克，每千克8000粒左右，发芽率70%–85%。种子干藏发芽力可保持2至3年以上。

变种

1.龙爪槐：小枝弯曲下垂，树冠呈伞状，园林中多有栽植。

2.紫花槐：小叶15至17枚，叶被有蓝灰色丝状短柔毛；花的翼瓣和龙骨瓣常带紫色，花期最迟。

3.五叶槐：小叶3至5簇生，顶生小叶常3裂，侧生小叶下部常有大裂片。

生长习性

性耐寒，喜阳光，稍耐阴，不耐阴湿而抗旱，在低洼积水处生长不良，深根，对土壤要求不严，较耐瘠薄，石灰及轻度盐碱地（含盐量0.15%左右）上也能正常生长。但在湿润、肥沃、深厚、排水良好

槐 树

槐花

的沙质土壤上生长最佳。耐烟尘，能适应城市街道环境。病虫害不多。寿命长，耐烟毒能力强。

园林用途

中国庭院常用的特色树种。速生性较强，材质坚硬，有弹性，纹理直，易加工，耐腐蚀，花蕾可作染料，果肉能入药，种子可作饲料等。又是防风固沙，用材及经济林兼用的树种，是城乡良好的遮荫树和行道树种。龙爪槐是中国庭院绿化的传统树种之一，富于民族情调。五叶槐叶形奇特，宛如千万只绿蝶栖于树上，堪称奇观，宜独植。

繁殖培育

主要播种繁殖，也可扦插。春播，因种皮有细胞紧密结合的栅栏层，透水性差，播种前，用始温85℃～90℃的水浸种24小时，余硬粒再处理1至2次。种子吸水膨胀可播种。条播行距20至25厘米，覆土厚度1.5至2厘米，每亩播种量8至10千克，7天～10天幼苗出土，幼苗期合理密植，防止树干弯曲，一般每米长留苗6至8株，一年生苗高达1米以上。也可早春集中营养钵育苗后移植定苗。国槐萌芽力较强，若培养大苗形成良好的干形，可在第二年早春截干，加大株行距，当年苗高3至4米，树干通直，粗壮光滑。

该物种为中国植物图谱数据库收录的有毒植物，其毒性为花、叶、茎皮和荚果有毒。人食入花和叶会中毒，出现面部浮肿、皮肤发热、发痒。叶和荚果还能刺激肠胃黏膜，产生疝痛和下痢。果壳提取物可使小鼠和大鼠产生呼吸困难等。

槐花性虽有毒，但其凉味苦，有清热凉血、清肝泻火、止血的作用。它含芦丁、槲皮素、槐二醇、维生素A等物质。芦丁能改善毛细血管的功能，保持毛细血管正常的抵抗力，防止因毛细血管脆性过大，渗透性过高引起的出血、高血压、糖尿病，服之可预防出血。

紫茎泽兰

目前已被列入我国首批外来入侵物种，排在第一位。

紫茎泽兰又名破坏草、解放草，属菊科多年生草本植物或亚灌木。因其茎和叶柄呈紫色，故名紫茎泽兰。

紫茎泽兰下部茎老化变硬，呈半灌木，高0.8至1.2米，最高可达2.5米，茎暗紫褐色，被灰色锈毛，叶对生，叶片棱形，头状花序，瘦果五棱形，具冠毛。有性或无性繁殖。每年2月～3月开花，4月～5月种子成熟，种子很小，有刺毛，可随风飘散，种子产量巨大，每株年产种子1万粒左右。根状茎发达，可依靠强大的根状茎快速扩展蔓延。适应能力极强，干旱、瘠薄的荒坡隙地，甚至石缝和楼顶上都能生长。

紫茎泽兰原产于美洲的墨西哥至哥斯达黎加一带，大约20世纪40年代紫茎泽兰由中缅边境传入云南南部，至目前为止，云南80%面积的土地都有紫茎泽兰分布。西南地区的云南、贵州、四川、广西、西藏等地都有分布，大约以每年10至30千米的速度向北和向东扩散。

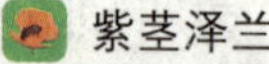
紫茎泽兰

紫茎泽兰

危害性

1935年，我国在云南南部首次发现，随河谷、公路、铁路自南向北传播。侵占农田、林地，与农作物和林木争水、肥、阳光和空间，能分泌化感物，排挤邻近多种植物；堵塞水渠，阻碍交通；全株有毒，更糟糕的是，紫茎泽兰的种子上面有很多细毛，牛吃了消化不了，会得严重的胃病，变得越来越不健康，危害畜牧业等。

紫茎泽兰虽有毒，但其具药用价值。

紫茎泽兰可以用于以下常见疾患的治理，并有较好的疗效，现收集整理如下：

1.对蚊虫叮咬引起的瘙痒、

肿块，香港脚、稻田性皮炎、疮疖，取紫茎泽兰鲜叶适量揉出汁液涂抹患处，可起到消肿止痒之功效。

2.不明缘由皮肤寻麻疹，取紫茎泽兰鲜茎叶500g，煎水清洗患处，一般2至4天可痊愈。

3.消炎止血。对于一般简单外伤性创伤出血，取紫茎泽兰鲜叶适量揉绒敷于创口，用布固定，每天更换一次，可起到消炎止血之功效。

其他作用

染料，是一种天然的染料，经过高温熬煮，可以染成黄色，在民族扎染上被用到，并且，可以起到驱蚊消炎的作用。

薇甘菊

目前已被列入我国首批外来入侵物种。

特征

多年生草质或稍木质藤本。其茎细长，匍匐或攀援，多分枝；茎中部叶三角状卵形；花白色，管状，檐部钟状，有香气，五齿裂；头状花序多数，在枝端常排成复伞房花序状，花序梗纤细。薇甘菊兼有性和无性两面种繁殖方式。在秋冬时温度低于20℃就会进行有性繁殖方式，冬天开花植物不多，薇甘菊在此季节成为重要的蜜源植物．其籽料相当微小，瘦果黑色，冠毛白色，每籽粒不过0.1毫克，可随风飘流迁移到遥远之地。乘风传播扩散其种子是薇甘菊广泛入侵的重要原因。薇甘菊的茎节和节间都能生根，每个节的叶腋都可长出一对新枝，形成新枝株，故薇甘菊的英文名称又叫“一分钟一英里”。这形象比喻了其快速的生长和扩散。在土壤疏松、有机质丰富、阳光充足的生成环境中，薇甘菊特别易于生长。薇甘菊常见于被破坏的林地边缘、荒弃农田、疏于管理的果园、水库和沟渠或河道两侧。薇甘菊的原产地在中美洲，在那里有多达160

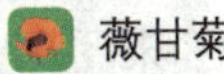
薇甘菊

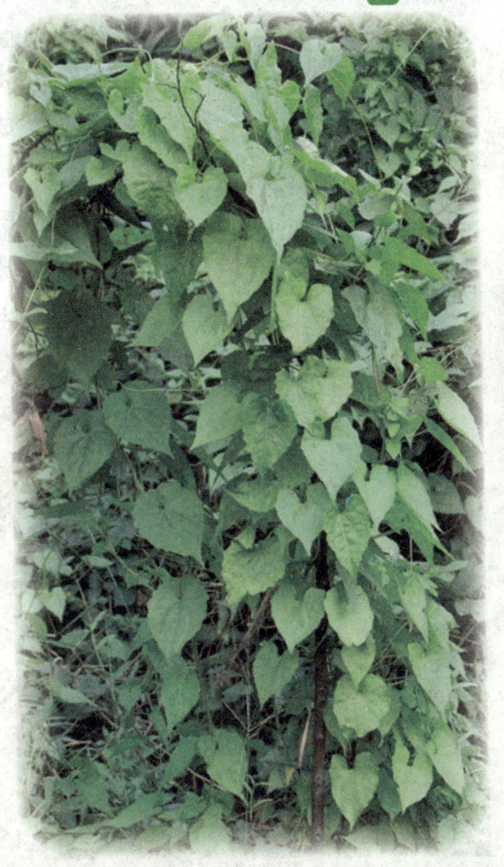

多种昆虫和菌类作为天敌控制其生长量，难以形成危害。薇甘菊入侵后，因无天敌制约而造成祸害。

薇甘菊原产于中美洲，现已广泛传播到亚洲热带地区，如印度、马来西亚、泰国、印度尼西亚、尼泊尔、菲律宾，以及巴布亚新几内亚、所罗门、印度洋圣诞岛和太平洋上的一些岛屿包括斐济、西萨摩亚、澳大利亚北昆士兰地区，成为当今世界热带、亚热带地区危害最严重的杂草之一。大约在1919年薇甘菊作为杂草在中国香港出现，1984年在深圳发现，现在广泛分布在珠江三角洲地区。该种已列入世界上最有害的100种外来入侵物种之一。

薇甘菊是喜阳性植物，喜生长于光照和水分条件较好的地区，年均温度在21℃以上，其以土壤生态环境的要求很低在一种具有超强繁殖能力的喜欢攀援的藤本植物，攀上灌木和乔木之后，能迅速形成整株覆盖之势，并能分泌毒汁，抑制其他植物生长。全部覆盖其他植物后，因光合作用受到破坏而使该植物窒息死亡。薇甘菊对于6至8米高的天然次生林、人工速生林、经济林、风景林的几乎所有树种都有严重威胁，运用攀援全部覆盖限制光合作用，以及分泌毒汁抑制其他植物生长的双重手段来杀死其寄生的树木，造成成片树林枯萎死亡。

薇甘菊

豚草

在薇甘菊横行的树林里引种寄生植物田野菟丝子，让它寄生在薇甘菊的嫩枝、嫩叶、嫩茎上面，汲取薇甘菊的营养供它自己生长。最后的结果是树林里有少量的薇甘菊存在，也有少量的菟丝子存在，但对森林不构成危害。

豚草

目前已被列入我国首批外来入侵物种。

特征

一年生草本，属自然归化植物。高30至150厘米，无毛或有柔毛。叶片2至3回羽状分裂，两面有细短毛或表面无毛。雄性头状花序黄绿色，直径2.5至5毫米，有细短梗，再排成总状；总苞浅碟状，边缘有数浅圆齿，有长柔毛或无毛；雌花总苞顶端有4至7细尖齿，结果时残存瘦果上部。风媒传粉。花果期7月～9月。

原产地及分布

北美，日本等地多见。现为南京及上海等地常见杂草。我国长江流域有野生，为路旁杂草。侵入裸地后一年即可成为优势种。

危害

由于其极强的生命力，可以遮盖和压抑土生植物，造成原有生态系统的破坏，农业减产，消耗土地中的水分和营养，花粉造成空气污染，是一种有害植物。多种豚草，尤其是大豚草的花粉使患有过敏症的人深受其害，是常见的花粉病变应原。花粉重量轻，体积小，可随风飘扬，而且表面有许多细刺，易附于呼吸道黏膜上。每年夏、秋之交，形成大量花粉污染大气，引起变应性哮喘病。豚草花粉是人类变态反应症的主要致病源之一，所引起的“枯草热”给全世界很多国家人们的健康都带来了极大危害，在美国人人闻风色变。

目前在中国东部，从东北到江南都发现豚草的入侵。尚没有任何有效的方法清除。据说大气中的二氧化碳含量增加，豚草会产生更多的种子，因此随着温室气体排放量增加，豚草能造成更大的危害。

控制方法

1.中国农业科学院生物防治研究所曾利用从北美引进的豚草卷

豚草

蛾在湖南取得了良好效果，直接使用叶虫也有一定的效果；

2.苯达松、虎威、克芜综、草甘膦等可有效控制豚草生长；

3.沈阳农业大学和辽宁省高速公路管理局合作于1989和1990年在沈大和沈桃高速公路两侧建立了200hm^{2}的豚草替代控制示范区，所选取的替代植物包括紫穗槐、沙棘等具有经济价值的植物，取得良好的效果。

飞机草

目前已被列入我国首批外来入侵物种。

飞机草，别名香泽兰，为菊科植物，植株高达3至7米，根茎粗壮，茎直立，分支伸展；叶对生，呈卵状三角形，先端短而尖，边缘有锯齿，呈明显三脉，

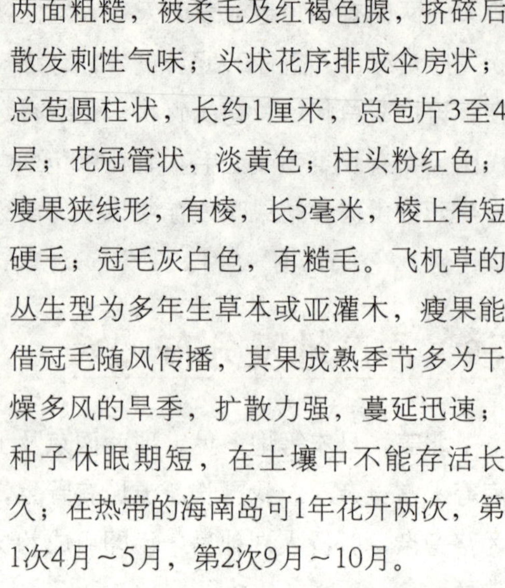

两面粗糙，被柔毛及红褐色腺，挤碎后散发刺性气味；头状花序排成伞房状；总苞圆柱状，长约1厘米，总苞片3至4层；花冠管状，淡黄色；柱头粉红色；瘦果狭线形，有棱，长5毫米，棱上有短硬毛；冠毛灰白色，有糙毛。飞机草的从生型为多年生草本或亚灌木，瘦果能借冠毛随风传播，其果成熟季节多为干燥多风的旱季，扩散力强，蔓延迅速；种子休眠期短，在土壤中不能存活长久；在热带的海南岛可1年花开两次，第1次4月～5月，第2次9月～10月。

飞机草原产于中美洲，现在南美、非洲、亚洲热带地区广泛分布。20世纪20年代作为香料植物引入泰国栽培，1934年在云南南部首次发现，现已侵入海南、广东、台湾、广西、云南、贵州、香港、澳门等地，并向亚热带进犯。

飞机草可危害多种作物，侵犯牧场，当其长到15厘米或更高时，会明显侵蚀土著物种，还能放发出化感物质，有较强的异株克生作用，可抑制邻近植物生长，还能使昆虫拒食。其叶有毒，含香豆类素的有毒活性化合物；用叶

飞机草

擦皮肤可引起红肿、起泡，误食嫩叶会引起头晕、呕吐，还可引起家畜、家禽和鱼类中毒。

假高粱

形态特征

多年生草本，茎秆直立，高达2米以上，具匍匐根状茎。叶阔线状披针形，基部被有白色绢状疏柔毛，中脉白色且厚，边缘粗糙，分枝轮生。小穗多数，成对着生，其中一枚有柄，另一枚无柄，有柄者多为雄性或退化不育，无柄小穗两性，能结实，在顶端的一节上3枚共生，有具柄小穗2个，无柄小穗1个。结实小穗呈卵圆状披针形，颖硬革质，黄褐色，红褐色至紫黑色，表面平滑，有光泽，基部边缘及顶部1/3具纤毛；稃片膜质透明，具芒，芒从外稃先端裂齿间伸出，膝曲扭转，极易断落，有时无芒。颖果倒卵形或椭圆形，暗红褐色，表面乌暗而无光泽，顶端钝圆，具宿存花柱；脐圆形，深紫褐色。胚椭圆形，大而明显，长为颖果的2/3。小穗第二颖被面上部明显有关节的小穗轴2枚，小穗轴边缘上具纤毛。

生活习性

假高粱适生于温暖、湿润、夏天多雨的亚热带地区，是多年生的根茎植物，能以种子和地下根茎繁殖。开花始于出土7周之后（一般在6月~7月），一直延续到生长季节结束。在花期，根茎迅速增长，其形成的最低温度是15℃~20℃，在秋天进入休眠，次年萌发出芽苗，长成新的植株。

假高粱

一般在7月~9月间结实。每个圆锥花序可结500到2000个颖果。颖果成熟后散落在土壤里，约85%是5厘米深的土中。在土壤中可保持3至4年仍能萌发。新成熟的颖果有休眠期，因此，在当年秋天不能发芽。其休眠期约5至7个月，到来年温度达18℃~22℃时即可萌发，在30℃~35℃下发芽最好。

低下根茎不耐高温，暴露在50℃~60℃下2至3天，即会死亡。脱水或受水淹，都能影响根茎的成活和萌发。

假高粱耐肥、喜湿润（特别是定期灌溉处）及疏松的土壤。常混杂在多种作物田间，主要有苜蓿、黄麻、棉花、洋麻、高粱、玉米、大豆等作物。在菜园、柑橘幼苗栽培地、葡萄园、烟草地里也有发生。也生长在沟渠附近、河流及湖泊沿岸。

传播途径

混杂在粮食中的种子是假高粱远距离传播的主要途径。种子还可随水流传播，假高粱的根茎可以在地下扩散蔓延，也可以被货物携带向较远距离传播。

分布及危害

假高粱原产地中海地区，现在已传入很多国家。

国内山东、贵州、福建、吉林、河北、广西、北京、甘肃、安徽、江苏等地局部发生。

假高粱是谷类作物、棉花、苜蓿、甘蔗麻类等30多种作物田里的主要杂草。它不仅使作物产量降低，还是高粱属作物的许多害虫和病害的寄主。它的花粉可与留种的高粱属作物杂交，给农业生产带来很大的危害，被普遍认为是世界农作物最危险的杂草之一。它能以种子和地下茎繁殖，是宿根多年生杂草，一株植株可以产28000粒种子，一个生长季节能生产8千克鲜重的植株和170米长的地下茎。1平方千米面积上的所有地下茎总长度可达86至450千米，能萌发的芽数可达1400万个。假高粱的地下茎是分节的，并且分枝，具有相当强的繁殖力。即使将它切成小段，甚至只有一节，它仍不会死亡，并且在有利的条件下，它还能形成新的植株。因此，它具有很强的适应性，是一种危害严重而难于防治的恶性杂草。此外，它的根分泌物或者腐烂的叶子、地下茎、根等，能抑制作物种子萌发和幼苗生长。假高粱的嫩芽聚积有一定量的氰化物，牲畜取食时易引起中毒。

假高粱